U0064144

趣味閱讀學成語 3

主編／　謝雨廷　曾淑華　姚嵐齡

中華教育

目錄

趣味閱讀學成語 ❸

處事篇

品德篇

事跡篇

人際篇

學習篇

艾莉和她的小牛

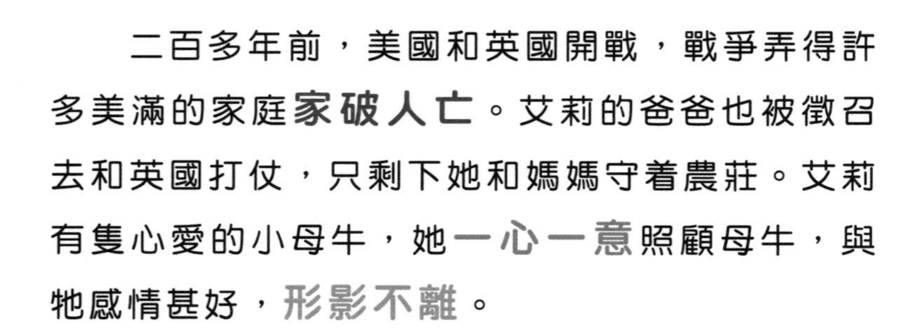

二百多年前，美國和英國開戰，戰爭弄得許多美滿的家庭**家破人亡**。艾莉的爸爸也被徵召去和英國打仗，只剩下她和媽媽守着農莊。艾莉有隻心愛的小母牛，她**一心一意**照顧母牛，與牠感情甚好，**形影不離**。

有天，一位英國士兵看見艾莉家中的小母牛，竟**盛氣凌人**，不理她們感受便把小牛搶走。

成語自學角

家破人亡：家庭破敗，親人死亡。形容家庭遭到不幸而破滅。

一心一意：心意專一。

形影不離：形容關係親密，何時何處都在一起。

盛氣凌人：用傲慢的氣勢壓迫別人。

艾莉**不假思索**就跳上馬背，**馬不停蹄**地直衝英軍軍營。

英國軍人拿着槍在軍營外看守，聽說艾莉要見大將軍，大聲斥喝：「你以為大將軍是誰都可以見的嗎？走開！」

「不，我非見大將軍不可！」艾莉堅決地回答。

軍人以為她有**十萬火急**的情報要報告大將軍，終於讓她進去。

「你找我？」大將軍**難以置信**，找他的竟然是個小女孩。

「您的士兵搶了我的小牛。小牛是我養大的，我不能失去牠。將軍，如果是我，我絕不會搶你的小牛啊！」艾莉說話不**吞吞吐吐**，而是昂起小臉、**理直氣壯**，沒有半點懼怕。

不假思索：不經過思考探求，立即做出反應。

馬不停蹄：馬兒不停止前進的腳步。比喻不停頓地行進或活動。

十萬火急：形容非常緊急。

難以置信：很難令人相信。

吞吞吐吐：形容說話不直截，要說不說的模樣。

理直氣壯：理由正大、充分，則氣盛而無所畏懼。

大將軍覺得艾莉十分勇敢，他說：「小女孩，我答應你，明天小牛一定會回到你的身邊。」說完，他將軍服上的銀鈕釦取下，送給艾莉。大將軍說：「如果我的手下要欺負你，你可以把銀鈕釦拿出來，他們就不敢**輕舉妄動**。」

艾莉過人的勇氣救了她心愛的小母牛，也讓英國人見識到美國人民如何保護心愛的土地和事物。

成語自學角

輕舉妄動：形容未經慎重考慮，就輕率地採取行動。

你認為勇氣是甚麼？像艾莉那樣被欺負時不退縮，還是……

以下兩個成語，可以用來形容艾莉哪些行為？試根據故事內容說一說。

成語

1. 一心一意
2. 理直氣壯

神奇的袋子

從前有個善心的流浪人，他背起神奇的袋子**四海為家**，到處行善。他幫助的人或有幾千，或有幾萬，**不可勝數**。

一天，流浪人看到一個人躺在路邊。雖然路上行人**摩肩如雲**，車輛**來來往往**、**絡繹不絕**，但是只有他走上前去問：「你還好嗎？」

這人**面黃肌瘦**，他氣若游絲地說：「我得了**不治之症**，快死了。」

流浪人解下背上的袋子，說：「只要你對着袋子說三次『賜我神奇的藥丸』，袋子就會變出醫治所有病痛的藥丸。」病人聽了照做，袋子瞬間

成語自學角

四海為家：四海，指全國各處，也指全世界各處。原指帝王佔有全國，後指人志在四方，甚麼地方都可以當作自己的家。

不可勝數：非常多，多到數不完。

摩肩如雲：摩肩，肩碰肩。形容人多極為擁擠的模樣。

來來往往：往來頻繁。

絡繹不絕：連續不斷。

飛出藥丸。服下後，病人無神的眼睛變得炯炯有神，他連忙向流浪人道謝。

一天，流浪人走到河邊，有個乞丐在那哭泣。乞丐**聲淚俱下**說：「我已經幾天沒吃飯了。」

流浪人解下背上的袋子，說：「只要你對着袋子說三次『賜我豐盛的食物』，袋子就會變出你想要的美食。」乞丐趕忙對袋子連說三次，神奇的袋子飛出香噴噴的雞腿和美酒，乞丐**狼吞虎嚥**地吃起來。

流浪人繼續走，不知不覺走到**一望無際**的沙漠，觸目所及全是黃沙。遠處有個快要渴死的人，流浪人趕忙走上前去關心。那人沙啞地說：「我快要渴死了，你有水嗎？」流浪人再次對那人說明袋子的神奇功用。

面黃肌瘦：形容人消瘦、營養不良的樣子。

不治之症：這裏指醫治不好的病症。另比喻無法糾正的缺失。

聲淚俱下：邊說邊哭。形容極度悲傷、激動。

狼吞虎嚥：形容吃東西很急、粗魯的樣子。

一望無際：一眼望去看不着邊際。形容寬廣、遼闊。

那人斷然地說：「這根本不可能！」無論流浪人怎樣苦口婆心地勸他，他依然不為所動。

流浪人默默地收起袋子，有感而發地想：如果心中希望之火熄滅了，袋子再怎麼神奇也只是普通的袋子，**化腐朽為神奇**的是自己心中的信念。只要相信自己做得到，這份神奇會一直延續……

成語自學角

化腐朽為神奇：指讓無用或是平凡的事發生驚人的變化，變壞為好，變死板為靈巧，變無用為有用。

試從這個故事所學的成語中，找出下列詞語的反義詞，寫在橫線上。

1. 屈指可數

反義詞：________________________

2. 冷冷清清

反義詞：________________________

3. 容光煥發

反義詞：________________________

4. 細嚼慢嚥

反義詞：________________________

5. 咫尺之間

反義詞：________________________

慢先生

有個人總是**慢手慢腳**的，做事**拖拖拉拉**，於是大家稱呼他為「慢先生」。

在**寒風刺骨**的冬天，慢先生和朋友坐在火爐旁看書。朋友的衣角給火爐點燃了，慢先生看見，**慢條斯理**地站起來，**彬彬有禮**地說：「抱歉打擾你讀書，但有件事我要告訴你。」

朋友抬起頭，問：「甚麼事？」

慢先生皺了皺眉頭，說：「嗯……可是，我怕，一旦，我告訴你，你會生氣的。」

朋友說：「那說不說隨便你。」然後低下頭繼續看書。

慢先生又開口說：「如果不告訴你，你之後會怪我的。」

成語自學角

慢手慢腳：形容作事遲緩，不俐落。

拖拖拉拉：本指寬鬆搖曳的模樣。後指做事慢吞吞，不乾脆俐落。

寒風刺骨：寒冷的風刺入骨髓。形容極度寒冷。

慢條斯理：不慌不忙的樣子。

彬彬有禮：形容人的禮貌恰到好處，不會矯情多禮，也不會粗魯無禮。

朋友有點不耐煩，**怒目橫眉**，但還是強忍住怒氣說：「那，你，說，啊！」

慢先生又說：「來，跟我一起深呼吸。你要放鬆心情、**寬大為懷**，千萬不要動怒。」

朋友**急不可待**，大吼：「你到底要不要說啦！」

「你絕不可以生氣哦！我們**一言為定**，各無反悔。」慢先生說。

朋友咆哮說：「好啦！快說啦！」

得到保證，慢先生才說：「你的衣服給火爐點燃了。」

怒目橫眉：瞪大眼睛，眉毛橫豎。形容滿臉怒容。

寬大為懷：用寬大的胸襟來待人處世。

急不可待：急得不能再等。形容十分急切。

一言為定：一句話說定了，不再改變或反悔。

朋友低頭一看，衣服的下半部都燒焦了。他生氣地說：「都**火燒眉毛**了，為甚麼不快點講！」

慢先生一臉無奈，說：「唉，我沒猜錯，你果然生氣。」

慢先生這麼說，朋友氣得**啞口無言**，只覺得事已如此，**無可奈何**啊！

成語自學角

火燒眉毛：火都快燒到眉毛了。形容情勢非常急迫。

啞口無言：遭人質問或駁斥時沉默不說話或無言以對。

無可奈何：毫無辦法。

思考園地

日常生活中，你喜歡快快做事，還是慢慢地來？為甚麼？

試從這個故事和自己所學的成語中，填寫以下關於眉毛的成語。

1. (　　　) 眉苦 (　　　)

2. 愁眉不 (　　　)

3. 眉 (　　　) 色 (　　　)

4. 眉 (　　　)(　　　) 笑

5. (　　　) 目 (　　　) 眉

6. (　　　) 燒眉 (　　　)

倒霉鬼

有個年輕人是**不折不扣**的倒霉鬼。大家都很怕他，因為只要看見他，就會有**飛來橫禍**。

這天，倒霉鬼一如往常地起牀。腳一落地，不小心踢到夜壺，再一滑，跌得**四腳朝天**，摔得屁股疼死了！

倒霉鬼把房間清乾淨，拿起鋤頭要出門下田。誰知手一軟，鋤頭**不偏不倚**，剛好劈在門上，他看着劈成兩半的大門**欲哭無淚**。他天生就是這麼倒霉啊！

成語自學角

不折不扣：一點都不打折扣，表示完全的、十足的。

飛來橫禍：突然降臨的意外災禍。

四腳朝天：手足向上，仰面跌倒的模樣。亦形容死亡。

不偏不倚：一點也沒有偏差。

欲哭無淚：想哭但是哭不出來。比喻極度哀痛或無奈。

正所謂**禍不單行**！這時，倒霉鬼遠遠地聽見有人說：「風災要來囉！大家緊閉門窗，小心風雨啊！」他一聽，趕緊拿槌子想修理大門，卻不小心釘到手，當場腫成大包。

「嗚嗚！我做甚麼都**無濟於事**，反而是**弄巧成拙**。不幹了！不幹了！」年輕人**自暴自棄**，躺在門邊。這晚，忽然興起**狂風暴雨**，倒霉鬼又餓又冷，結果**一命嗚呼**。

禍不單行：比喻不幸的事情接二連三地發生。

無濟於事：對事情沒有幫助。

弄巧成拙：本想賣弄才能、聰明，卻反而做了蠢事。比喻枉費心機。

自暴自棄：本指言行違背仁義。後指自我放棄，不求上進。

狂風暴雨：這裏指巨大的風雨。也比喻處境動盪不安。

一命嗚呼：生命結束，即死亡。

到了地府，他傷心地告訴閻王爺：「行行好，讓我下輩子當個不倒霉的人吧！」向來**威風凜凜**的閻王爺一聽，居然嚇得跳到椅子上，說：「你就是大名鼎鼎的倒霉鬼！難怪我一早起來眼皮就一直跳。」地府的各種鬼聽見，也紛紛躲了起來。所有鬼都比不上倒霉鬼恐怖啊！

「你回去吧！地府不收你！」閻王爺大手一揮，說道。

「啊？」年輕人仍一頭霧水時，他就醒了過來。

唉！他居然倒霉到連閻王爺都不收他啊！

成語自學角

威風凜凜： 威武的氣概逼人，令人敬畏的樣子。

試從這個故事中找出適當的成語，填寫在橫線上，完成以下短文。

真倒霉！我們本來開開心心地在草地野餐，忽然一陣 (1) ____________________________，讓我們躲避不及。(2) ______________ 的是，我們本想撐開一把傘子遮風擋雨，但原來也 (3) ____________________________，好好的雨傘飄蕩在風風雨雨之中。這突如其來的風雨，令我們 (4) ______________，無話可說。

真是健忘啊！

有個人的記憶力很差，人們跟他說了甚麼，他下一秒就忘得**一乾二淨**，而且健忘的程度並沒有隨年歲漸長而改善，**久而久之**反而是**變本加厲**啊！

他妻子聽說艾子很聰明，能醫治各種**疑難雜症**，便叫他去拜訪艾子。於是這個人帶了弓箭，就騎上馬往艾子家出發。

途中，他突然肚疼，就把馬拴在路旁的大樹，把箭插在泥土中，到草叢裏大便。

他大便後走出草叢，看見泥土插着一枝箭，**膽戰心驚**地大叫：「呼！這是哪處射來的箭？只差沒幾步，我就險遭不測啊！」他再一轉身，忽

成語自學角

一乾二淨：完盡、甚麼都不剩。

久而久之：經過相當漫長的時間。

變本加厲：指事情改變原有的狀況而顯得更加嚴重。

疑難雜症：這裏指各種病因不明或難治的病。也比喻不易理解或難以解決的問題。

膽戰心驚：形容十分驚慌害怕。

然看見樹下栓着一匹馬，**驚喜交加**地說：「這是甚麼事？剛才嚇了一跳，現在卻**平白無故**撿到一匹馬。嘿！看來我的運氣還算不錯呢！」

說完，他騎上馬，但因為忘記艾子家怎麼走，便隨便往一條路走去，結果居然回到自己家。

他下了馬，在門口**踱來踱去**，口中**自言自語**：「這是誰的家呀？看起來**似曾相識**的！」

驚喜交加：又驚又喜、驚喜參半。

平白無故：無緣無故。

踱來踱去：慢慢地走來走去，來回走動。

自言自語：自己對自己說話。

似曾相識：好像曾經看過，對所見的人、事、物感覺熟悉。

他的妻子從屋裏看見他，知道他又忘了怎麼走，就出來對他大罵一頓。

這個人看了看妻子，感到十分奇怪，於是問：「咦？這位大嬸，你是誰啊？才剛見面，為甚麼**劈頭劈臉**就**破口大罵**起來呢？」

成語自學角

劈頭劈臉：正對着頭和面而來。形容來勢很猛，不能躲避。

破口大罵：以惡言大聲咒罵。

以下是小傑的日記。試從這個故事所學的成語中，選擇最適當的填寫在橫線上。

今天我帶小貓阿金到公園散步。阿金在草地上 (1) ____________ ____________，有個女孩走過來，(2) ____________________ 地對牠 (3) ____________________，令我們一臉疑惑。到底這個女孩與阿金以前發生了甚麼事呢？

鄭人買鞋

鄭國有一個人，他的布鞋破了大洞，於是想買雙新鞋。

他去市集前，在家先用一根繩子量好腳的大小尺寸，然後把繩子小心放在座椅上，深怕忘了帶出去。

市集上**熙熙攘攘**，**人聲鼎沸**，熱鬧極了。鄭人直接走到鞋店，左挑右選，最後選中了一雙**稱心滿意**的鞋子。

他正要拿出繩子，卻發現口袋裏的繩子**不翼而飛**！他愣了一下，才想起自己出門前**心不在焉**，把繩子遺留在家中。

成語自學角

熙熙攘攘： 形容人來人往，喧鬧紛雜的樣子。

人聲鼎沸： 形容民眾會聚，喧譁熱烈，像水在鼎中煮沸一般。

稱心滿意： 非常合乎心意。

不翼而飛： 比喻物品無故遺失。

心不在焉： 心思、心神不集中。

鄭人趕緊放下鞋，急忙走回家，拿了繩子又**一溜煙**趕往市集。可是，即使他**快馬加鞭**地跑跑跑、衝衝衝，等他回到鞋店時，太陽已經下山，鞋店也關門了。

鄭人低頭看看自己的鞋子，因為這樣跑來跑去，原先的破洞磨得更大了。他**無精打采**地坐在路邊**唉聲歎氣**。

有幾個人圍過來，知道情況後，好奇地問：「為甚麼你不直接用腳去試穿鞋子呢？那不是又快又準確嗎？」

一溜煙：一道煙。形容飛快的樣子。

快馬加鞭：對跑很快的馬，再加以鞭策，使牠跑得更快。形容快上加快。

無精打采：沒精神，提不起勁的模樣。

唉聲歎氣：因苦悶、傷感或痛苦而發出歎息的聲音。

「不行！不行！量的尺碼才可靠。」鄭人**固執己見**，然後**默默無語**，盯着破鞋發呆。

眾人聽完後互相對視，說：「這人腦筋真死板。寧願相信尺碼，也不信自己的腳。算了，別理他了，走吧……」

成語自學角

固執己見：堅持己見，不肯變通。

默默無言：默不作聲，不說一句話。

試根據題目，找出故事中運用了重複字詞的成語，寫在橫線上。

1.「＿＿＿＿＿＿＿＿」和

「＿＿＿＿＿＿＿＿」都

有「不」字。

2.「＿＿＿＿＿＿＿＿」和

「＿＿＿＿＿＿＿＿」都

有「無」字。

受土地公尊敬的小偷

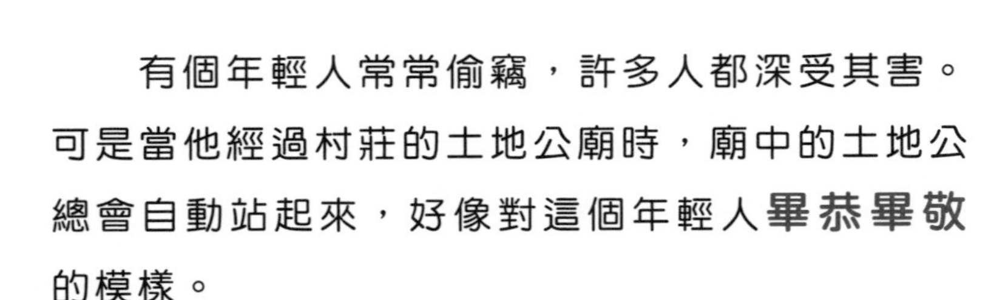

有個年輕人常常偷竊，許多人都深受其害。可是當他經過村莊的土地公廟時，廟中的土地公總會自動站起來，好像對這個年輕人**畢恭畢敬**的模樣。

村莊有位**富甲一方**的大地主，他正為女兒物色好對象。許多**允文允武**的青年才俊來求親，都給他拒絕了。他想那個年輕人雖然行為不檢點，但土地公卻是那麼尊敬他，將來他一定會很有出息，也許只是**大器晚成**罷了！若要選女婿，他可以說是最佳人選。

成語自學角

畢恭畢敬：極為恭敬。

富甲一方：甲，位居第一。形容非常富有。

允文允武：既有文才，又曉武事。

大器晚成：大器，貴重的器物，比喻大才。最貴重的器物必須經過長時間的加工才能完成。比喻有卓越才能的人，取得成就和成名的時間都比較晚。

村民得知大地主準備將女兒嫁給那個年輕人，不但極力反對，還專程到他家苦口婆心地勸說他，希望他**三思而行**，找個**腳踏實地**、不作壞事的年輕人。但是大地主卻說：「我們村有哪一個人從土地公廟前走過去時，土地公會站起來的？」雖然大家認為他把女兒嫁給盜賊**有害無利**，但大地主**一意孤行**，大家也不好意思再說甚麼了。

然而，年輕人娶了地主的女兒後，依舊**本性難移**，每天

三思而行：反覆再三考慮，然後再做。也比喻謹慎行事。

腳踏實地：比喻做事切實穩健。

有害無利：只有害處而無益處。

一意孤行：本指按照自己的意思獨立處理公事，後指某人不接受勸告，堅持己見。

本性難移：已經養成的性格很難改變。

不務正業，三不五時就偷東西。但是當他經過土地公廟時，土地公看到他還是會直挺挺地站起來。

大地主滿肚疑惑，忍不住跑去問土地公：「為甚麼每次那個年輕人經過土地廟時，您都要站起來呢？」

土地公一聽見年輕人的名字，猶如**驚弓之鳥**，立刻站了起來，兩腿夾緊，小聲地說：「告訴你，如果我不站起來，鞋子早給他偷走了！」

成語自學角

不務正業：不做正經事，不從事正當的工作。

驚弓之鳥：射箭高手只拉動弓弦，不用箭，便有大雁因過度驚懼而落下。比喻曾受打擊或驚嚇，心有餘悸，稍有動靜就害怕的人。

思考園地

你認為大地主犯了甚麼錯誤？

試從這個故事所學的成語中，選出最適當的填寫在橫線上。

1. 他因為父親 ________________，就整天只顧吃喝玩樂，________________________。

2. 未來會遇到好多難關，我們要作好準備，________________ 地學習和工作。

比黃金更重要

一天，一位老人醉倒在玫瑰園，給農民發現，將他帶到邁達斯國王面前。國王認出老人是葡萄酒之神戴歐尼修斯的老師，於是熱情地接待他，讓他**賓至如歸**。

神通廣大的戴歐尼修斯得知後，答應給國王任何東西作為報答。國王表示希望擁有**點石成金**的本領。

「你真的希望得到這種本領？將來不要後悔啊！」戴歐尼修斯說。

「這是我**求之不得**的，將來無論發生甚麼事情，也不會後悔！」國王**信誓旦旦**。戴歐尼修斯不再多說，就答應了。

成語自學角

賓至如歸：客人來到時好像回到自己的家中。形容招待親切，如同回家一樣舒適。

神通廣大：本指法術廣大無邊，現在形容本領極大，辦法極多。

點石成金：用手指或靈丹將石頭點化成黃金。也比喻善於修改文字，能化腐朽為神奇。

求之不得：表示想求都求不到，卻意外得到，有極願得到的含意。也指追求卻無法得到。

信誓旦旦：旦旦，誠懇的模樣。指誓言說得非常誠懇可靠。

國王很高興，迫不及待地試試自己的新本領。果然，他把嫩芽和石頭變成了**貨真價實**的黃金。回到皇宮裏，樂不可支的他命令僕人準備盛宴。可是，當他**食指大動**，想要享用大餐的時候，凡是他觸碰過的美食都變成了黃金！

國王嚇壞了，立刻**出爾反爾**，說：「啊！偉大的神啊，除了食物和水，其他的東西都可以變成黃金！」他認為這樣就**萬無一失**，戴歐尼修斯也答應了。

貨真價實：貨品真確而價格實在。泛指事物真實不假。

食指大動：指面對美食而食慾大開，或即將有美味的東西可以吃。

出爾反爾：言行前後反覆，自相矛盾。

萬無一失：絕不會發生差錯。形容極有把握。

這時候，國王最疼愛的小女兒聽見父親的呼喊，趕了過來。當國王一碰到她，她立刻變成了一座金雕像。國王一看，嚇得**面如土色**，不禁高呼：「啊！我不要點石成金的本領了！」戴歐尼修斯問：「你還那麼重視黃金嗎？」

國王說：「女兒和黃金怎能**相提並論**！她是**無價之寶**啊！我知道錯了……」他為自己的貪心感到慚愧後悔。

從此，國王再也沒有把東西變成黃金的能力，但他領悟到比起黃金，還有更重要的事物值得珍惜。

成語自學角

面如土色：臉色像泥土一樣。形容驚恐到了極點。

相提並論：把性質、情況相似的人物或事件放在一起討論或同等看待。

無價之寶：無法估量其價值的寶物。形容極為珍貴的事物。

試運用括號內的成語，改寫以下句子。

1. 我拾起地上那個信封一看，嚇壞了。（成語：面如土色）

____

2. 廚房傳來的香氣，令我很期待。（成語：食指大動）

____

3. 王姨姨的熱情招待，讓我們好像回到自己的家，十分舒服。（成語：賓至如歸）

____

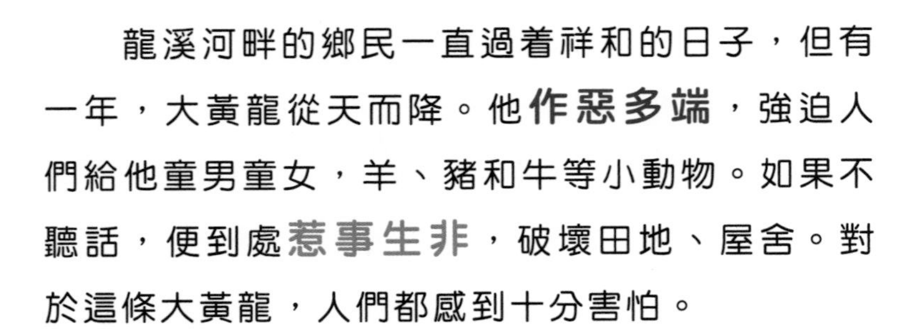

鯉魚鬥惡龍

龍溪河畔的鄉民一直過着祥和的日子，但有一年，大黃龍從天而降。他**作惡多端**，強迫人們給他童男童女，羊、豬和牛等小動物。如果不聽話，便到處**惹事生非**，破壞田地、屋舍。對於這條大黃龍，人們都感到十分害怕。

聰明的小女孩玉姑，**自告奮勇**前去找雲台仙女幫忙。

雲台仙女很感動，因為玉姑從遙遠的地方來到。她告訴玉姑：「千里外有個鯉魚洞，洞中的鯉魚仙子可以幫助你。」

玉姑跟雲台仙女告別後，經過**千辛萬苦**，終於來到鯉魚洞。鯉魚仙子對玉姑說：「你**為民除害**，我很感動，可是對付大黃龍要犧牲性命，你確定要這樣做嗎？」

成語自學角

作惡多端：壞事做得極多。

惹事生非：招惹是非麻煩。

自告奮勇：自動請求擔負冒險的事。

千辛萬苦：形容非常艱難辛苦。

為民除害：替人民除去禍害。

玉姑馬上答：「那頭黃龍**惡貫滿盈**，我即使**粉身碎骨**也是值得！」鯉魚仙子點點頭，朝玉姑噴了三口白泉，她馬上變成紅鯉魚。

小紅鯉逆流而上，游了七七四十九天才回到家鄉。這天，正好又到要送上童男童女和小動物的日子。小紅鯉變回玉姑，上岸看見人們敲鑼打鼓往河邊走來，豬牛羊排成一列長隊伍，**井然有序**。

黃龍早已**垂涎三尺**，開心地張開大嘴，等食物送上門來。

惡貫滿盈：罪惡累積，已達滿溢的程度。比喻罪大惡極，末日已到。

粉身碎骨：比喻犧牲生命。

井然有序：條理分明而有秩序。

垂涎三尺：口水流下三尺長。形容非常貪吃，或比喻看見別人的東西極想據為己有。

「看我怎樣收拾你這條**害人不淺**的惡龍！」說完，玉姑跳下水，變成鯉魚朝惡龍體內衝去，東刺西戳他的**五臟六腑**。

「嗚呼！」黃龍斷氣了。但玉姑也葬身在黃龍腹中。

人們為了紀念玉姑，在河岸建了一座鯉魚廟，而玉姑為人們**奮不顧身**的英勇事跡也一直流傳下去。

成語自學角

害人不淺：對人危害很大。

五臟六腑：身體內臟器官的總稱。

奮不顧身：勇往直前，不顧自己的生死。

你認為一定要像玉姑那樣奮不顧身才算是勇敢嗎？為甚麼？

試讀出故事中三個帶有數字的成語，再說說自己還會哪些帶有數字的成語。

除了 ______________________________、

________________和 ________________，

我還會……

仁慈的樹神

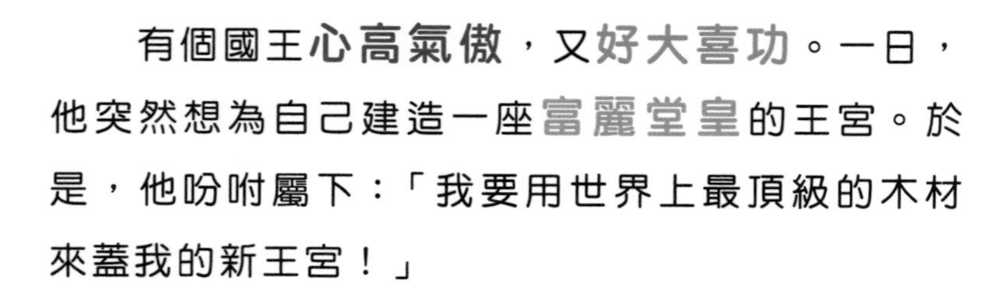

有個國王**心高氣傲**，又**好大喜功**。一日，他突然想為自己建造一座**富麗堂皇**的王宮。於是，他吩咐屬下：「我要用世界上最頂級的木材來蓋我的新王宮！」

大臣不敢違背命令，只得**全力以赴**，滿足國王的願望。他們派人四處尋找上等木材，終於在森林深處找到一棵巨樹。它高聳入雲、只有些少蟲蛀坑洞，十分適合當成建築材料。

國王知道後，非常滿意，交代明日就砍樹！

到了晚上，國王夢見那棵巨樹幻化成樹神來找他。巨樹**悶悶不樂**，對他說：「國王，求您不要摧毀我的住所。您每砍一下，我就會痛苦難忍，最後死去。」

成語自學角

心高氣傲：因自視過高而盛氣凌人。

好大喜功：喜歡做大事，立大功。多用以形容作風鋪張浮誇、不踏實。

富麗堂皇：形容富偉美麗、氣勢宏偉。

全力以赴：投入全部的心力。

悶悶不樂：心情憂鬱不快樂。

國王堅決地回答：「你是森林中最好的一棵，我需要你來建造我的王宮。」國王認為好樹用來做建築材料是**理所當然**的。

樹神最後對他說：「好吧！您可以砍，但請您吩咐手下從樹的最高處往下一刀刀砍，直到最底部。」

「可是，如此一來，你不是會更痛苦嗎？」國王難以置信地說。

樹神**長吁短歎**，回答：「您說得沒錯。但是，我是棵巨樹，如果倒下來，會壓倒四周的小樹，很多**飛禽走獸**將因此**無家可歸**，還可能受傷死亡。但每當您砍下一刀，大地將震動一次，那至少能警告動物逃走，減少一點傷害。要是傷害了那些動物，我會**痛不欲生**！」

理所當然：指道理當然是這樣的。表示發生的事情本身合乎道理。

長吁短歎：長一聲、短一聲地歎息不已。表示非常憂戚。

飛禽走獸：泛指鳥類和獸類。

無家可歸：失去家庭，沒有地方可以投奔依靠。

痛不欲生：傷心到極點，不想再活下去。

樹神的話給了國王**當頭一棒**，國王立刻從夢中醒過來。他想：樹神寧願受數百次痛苦，也不願讓動物受苦，這是多麼勇敢仁慈啊！但我只有**一己之私**。不！我不能砍它，我要向它學習啊！

從那天起，他變成了一位仁慈的國王。

成語自學角

當頭一棒：比喻促人醒悟的警示。

一己之私：個人的私見。

思考園地

你認為故事中的國王有值得學習的地方嗎？為甚麼？

試從這個故事所學的成語，選擇最適當的填寫在橫線上。

1. 小健是個很謹慎、用心的人，只要把工作交代給他，他一定會＿＿＿＿＿＿＿＿＿＿。

2. 平時＿＿＿＿＿＿＿＿＿＿的美美，居然客氣地跟我說話，實在太不可思議了！

3. 叔叔是個動物攝影師，各種＿＿＿＿＿＿＿＿＿＿都是他拍攝的對象。

4. 你與其每天＿＿＿＿＿＿＿＿＿＿，不如想辦法解決問題吧。

5. 那些＿＿＿＿＿＿＿＿＿＿的小狗，在街頭流浪，得不到溫暖。

被鳥捉弄的人

有個窮苦的讀書人叫公冶長，據說他有項特殊才能：聽得懂鳥說的話。有天，他正為空米缸**心煩意亂**時，窗外飛來一隻喜鵲說：「公冶長！公冶長！山後有隻大肥羊，你來吃肉我吃腸！」

公冶長到後山去，果然看見一頭斷氣的羊。他**歡歡喜喜**把大肥羊抬了回去，並答應把腸子留給喜鵲。

公冶長把大肥羊煮成香噴噴的羊肉鍋後，**大快朵頤**，卻嫌腸子髒，把它們統統扔到河底了。喜鵲回來，發現公冶長沒有遵守諾言，**火冒三丈**地拍拍翅膀飛走了。公冶長**不以為意**，日子久了就忘記這件事。

成語自學角

心煩意亂：心情煩躁，思緒凌亂。

歡歡喜喜：快樂、高興。

大快朵頤：朵，動。頤，下巴。指飽食愉快的模樣。

火冒三丈：冒，往上升。形容十分生氣。

不以為意：不注意、不在乎。

有一天，喜鵲又飛來了，牠說：「公冶長！公冶長！山後有隻大肥羊，你來吃肉我吃腸！」公冶長以為和上次一樣，所以**迫不及待**跑到後山。沒想到沒有大肥羊，只見一個**奄奄一息**、爬走不動的人。而公冶長也因此給別人當成兇手，關進大牢。

受了**不白之冤**的公冶長，知道是喜鵲氣他**言而無信**，所以設下惡作劇。他將自己聽得懂鳥話的事情，還有喜鵲騙他的過程，**一五一十**地對縣太爺說了，但縣太爺怎麼也不相信。

迫不及待：急得不能再等了。

奄奄一息：僅存微弱的一口氣。形容呼吸微弱，瀕於死亡。

不白之冤：得不到辯白、昭雪的冤屈。

言而無信：說話不講信用。

一五一十：本指計數的動作，亦用以形容計數的仔細。比喻把事情從頭至尾詳細說出，無所遺漏。

公冶長**左思右想**，認為應該想辦法證明自己清白！忽然，他聽見欄杆外的麻雀**七嘴八舌**地說：「東門橋上有輛載滿穀子的牛車翻倒了，大家快去！」他想出主意來，便將這事報告縣太爺。

縣太爺雖然不相信公冶長的話，但還是派人到東門橋上一探究竟。那裏果然有輛翻倒的牛車，還有成羣搶食的麻雀呢！

公冶長獲釋後，**語重心長**地說：「這事讓我了解到守信用的重要啊！」對鳥都要信守承諾，更何況是人呢？

成語自學角

左思右想：反覆尋思。

七嘴八舌：形容人多口雜，議論紛亂的情況。

語重心長：言辭真誠，具影響力而情意深長。

公冶長失信於喜鵲，可是你會否用喜鵲的方法來懲罰公冶長？為甚麼？

試根據以下兩張圖片，發揮想像力，說說為甚麼黃老師會火冒三丈。

黃老師火冒三丈，訓斥同學不懂得尊重講者。

事情是這樣的……

獎賞分一半

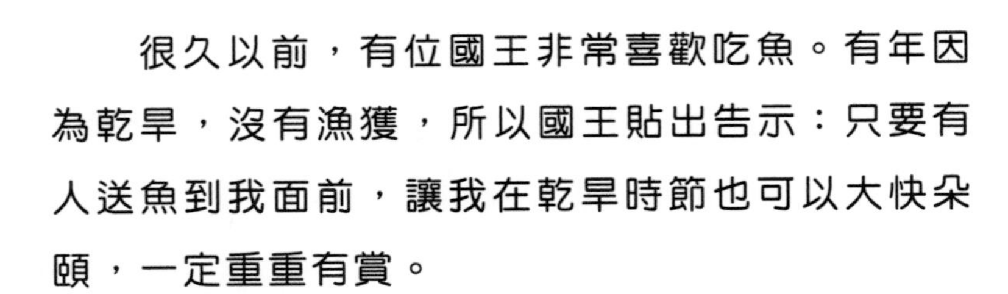

很久以前，有位國王非常喜歡吃魚。有年因為乾旱，沒有漁獲，所以國王貼出告示：只要有人送魚到我面前，讓我在乾旱時節也可以大快朵頤，一定重重有賞。

有位商人在各地做買賣，聽說了這件事，馬上找了幾條好魚，一路上**披星戴月**，千辛萬苦地帶魚回國，準備送給國王。

當他**歡天喜地**來到王宮時，侍衛卻把他攔下，不讓他進入。

這個**心術不正**的侍衛在想：現在國王求魚心切，如果把這些魚送給他，一定會得到豐厚的獎賞，我一定要把握**千載難逢**的機會！於是他

成語自學角

披星戴月：形容早出晚歸，旅途勞累。

歡天喜地：非常歡喜高興的樣子。

心術不正：指人心地不正派，居心不良。

千載難逢：千年也難遇上一次。形容機會極為難得。

說：「我可以放你進去，但是你要把國王的獎賞交一半出來給我。」商人為了見國王，**萬不得已**答應了。

國王因為最近沒魚吃而胃口不佳，**日坐愁城**。當他一看到魚，立即變得**生龍活虎**。這次商人功不可沒，所以國王問他想要甚麼獎賞。商人說：「求國王賞我四十大板。」國王以為聽錯了，但商人很認真地再說一次。於是，國王只好交代侍衛輕輕地打。

商人趴在地上，侍衛輕輕地打，沒有傷到他。打了二十下，商人忽然叫停，說剩下的「獎賞」要給守門的侍衛，並把侍衛強迫自己的事情**和盤托出**。

萬不得已：毫無辦法，不得不如此。

日坐愁城：每天都沉浸在愁苦中。

生龍活虎：比喻活潑勇猛，生氣勃勃。

和盤托出：端東西連同盤子一併托出。比喻毫無保留地全部拿出來或說出來。

國王聽了**怒氣沖沖**，命人把侍衛抓來，說：「商人已經得到獎賞了，剩下的一半是你的。來人！重重地打！」侍衛一心想靠其他人做事，自己**坐享其成**，如今**東窗事發**，不但要捱打，還甚麼都沒得到，可說是**自作自受**啊！

成語自學角

怒氣沖沖：十分激動、憤怒的樣子。

坐享其成：不付出勞力，而享受現成的福利。

東窗事發：指陰謀或非法勾當被揭穿。

自作自受：自己做錯事，由自己承擔不良後果。

除了「披星戴月」外，你還知道哪些與自然現象有關的成語？試根據提示完成填字遊戲。

橫向：

1　形容沒有月亮，風很大的晚上。

2　春風吹拂，化育萬物。用於比喻師長和藹親切的教導。

縱向：

一　巨大的風雨。

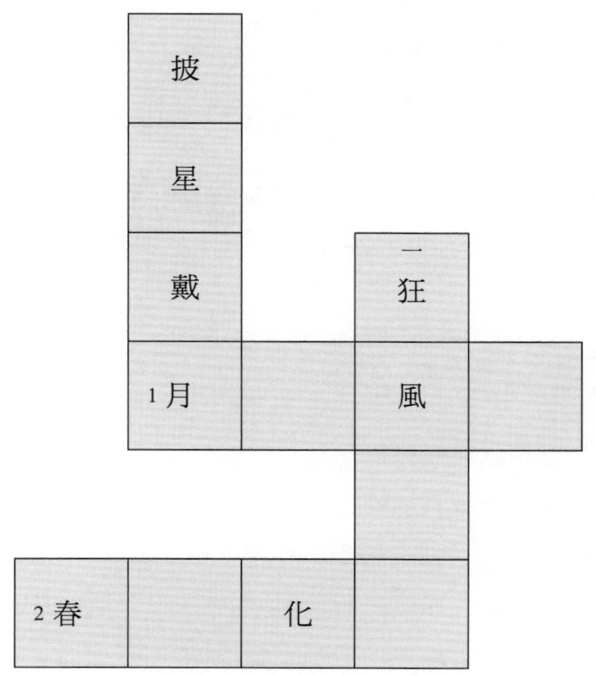

雷和閃電的傳說

有位媳婦名叫玉娘，丈夫不幸過世後，她和瞎眼的婆婆**相依為命**，靠一塊小田維生。玉娘為人**克勤克儉**，在村裏有不錯的名聲。

一年發生旱災，許多百姓**忍飢挨餓**，玉娘家中的存糧也越來越少。面對**食不充口**的困境，玉娘沒有**怨天怨地**，反而體貼地把食物讓給婆婆吃，每晚躲進廚房喝絲瓜湯。

成語自學角

相依為命：互相依靠，共同生活。

克勤克儉：既能勤勞又能節儉。

忍飢挨餓：忍受飢餓。

食不充口：吃不飽。形容生活窮困。

怨天怨地：抱怨天抱怨地。形容埋怨不休。

可是，玉娘的婆婆卻不知旱災的情形，只覺得每天吃的菜式不好，加上最近玉娘總是**魂不守舍**，就開始懷疑：一定是玉娘把好菜藏起來了！那幾天，婆婆總是對玉娘**冷嘲熱諷**，態度極差。

這天，婆婆趁玉娘下田工作時，摸到廚房去。但整間廚房找遍了，甚麼都沒找到，只摸到一碗絲瓜湯。這時她才知道，原來玉娘把白米飯都留給她，自己只喝絲瓜湯。

午飯時，玉娘回到家裏，婆婆**痛哭流涕**，說：「玉娘，我錯怪你了！」她把誤會都說了出來。

第二天，婆婆跟玉娘搶喝絲瓜湯，玉娘一急，不小心把湯灑到屋外。正好雷公經過看到這一幕，以為她**暴殄天物**，

魂不守舍：神魂不在人體內。比喻心神恍惚不定。

冷嘲熱諷：尖酸、刻薄地嘲笑和諷刺。

痛哭流涕：形容非常悲痛、傷心而流淚。

暴殄天物：殄，滅絕。天物，鳥獸草木等自然界生物。指殘害各種生物。後來比喻糟蹋物力，不知珍惜。

作惡多端，**電光石火**間，玉娘就遭到**天打雷劈**。

後來，玉皇大帝聽說玉娘是個孝順的媳婦，就把雷公叫來斥責一頓：「你是老花眼嗎？現在我封她為閃電娘娘，配給她一面寶鏡。以後你工作時，一定要先讓她用寶鏡照清楚，免得又劈錯人！」

這是為甚麼每次打雷時，總會先看到閃電，才聽見雷聲的傳說。

成語自學角

電光石火：閃電呈現的亮光，火石擊發的火光。比喻轉瞬間即逝。

天打雷劈：遭雷擊的天懲。

婆婆和雷公為甚麼誤會玉娘？

成語練功房

寫一寫

試從以下的成語中圈出錯別字，並把正確的字寫在括號內。

1. 天打雷勢　（　　　　）

2. 相衣為命　（　　　　）

3. 吃不充口　（　　　　）

4. 痛哭流弟　（　　　　）

5. 泠嘲熱諷　（　　　　）

6. 怒天怨地　（　　　　）

一日國王

有位國王要處理眾多國事，每天都**忙忙碌碌**。一日，他感到**身心交瘁**，便換上普通衣服，帶着侍衛出宮散步。

國王在熱鬧的大街上，看見**各行各業**的人辛勤地工作。路邊有一位老修鞋匠，看起來很不快樂，國王好奇地走過去問：「你不喜歡自己的工作嗎？」

老修鞋匠說：「當修鞋匠真辛苦！當國王最幸福、輕鬆了！聽說王宮內的美食和珠寶**取之不盡，用之不竭**。當國王，只需要**飯來張口，茶來伸手**，多好啊！」

成語自學角

忙忙碌碌：忙迫的模樣。

身心交瘁：肉體和精神都非常疲憊。

各行各業：各種不同的行業。

取之不盡，用之不竭：資源豐富，取用不完。

飯來張口，茶來伸手：形容人只知生活的享受，卻不知享受的條件來自勞動的辛苦。

國王聽了心想：一般人羨慕國王享受**榮華富貴**，卻不知這只是**過眼煙雲**，當國王多辛苦啊！於是國王**心生一計**……

一天，老修鞋匠睡醒後，嚇了一大跳：自己怎麼身在豪華的房屋，是在做夢嗎？這時，宮女圍過來，畢恭畢敬地說：「請國王梳洗整裝，享用早餐。」

這麼**無微不至**的伺候，老人真不習慣呢！到了第二天，他大啖美食後，便欣賞歌舞，整個人**飄飄欲仙**。

突然，幾位大臣報告說：「國王陛下，我們準備好向您報告國事了。」大臣的報告，把老人聽得頭昏腦脹，開始覺

榮華富貴：形容人顯榮發達，財多位尊。

過眼煙雲：比喻事物消逝極快，不留痕跡。

心生一計：心中忽然想到一個計謀。

無微不至：每一個細微處皆照顧到。形容非常精細周到。

飄飄欲仙：輕飄上升，好像要離開塵世變成神仙。多指人的感受輕鬆爽快。

得這根本是惡夢！到了晚餐時刻，宮女相繼送上美酒佳餚，把老修鞋匠灌得不省人事，然後把他送回家。

過了幾天，國王又去見老修鞋匠。老修鞋匠**感慨萬千**地說：「那天我夢見自己變成國王，雖然過着**衣帛食肉**的日子，但要處理很多國家大事。國王也不好當的呢！」

成語自學角

感慨萬千： 因內心感觸良多而發出深遠的慨歎。

衣帛食肉： 穿舒適的帛衣，吃美味的肉食。形容生活安樂富裕。

試從這個故事所學的成語中，找出下列詞語的反義詞，寫在橫線上。

1. 遊手好閒　　反義詞：________________

2. 缺衣少食　　反義詞：________________

3. 粗心大意　　反義詞：________________

4. 身心康泰　　反義詞：________________

好官蘇章

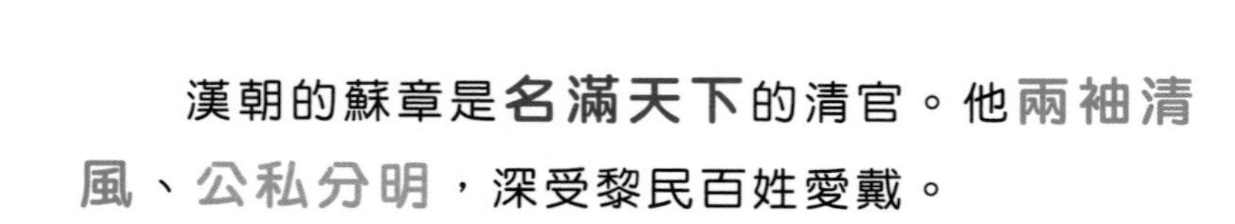

漢朝的蘇章是**名滿天下**的清官。他**兩袖清風**、**公私分明**，深受黎民百姓愛戴。

一年，蘇章成為了冀州刺史。一上任，就來了件令他頭痛的案件。

蘇章發現貪污受賄、**中飽私囊**的清河太守，原來是他學生時代的摯友。記得當時兩人總是**形影相依**、**無所不談**，雖然不是親兄弟，卻**情同手足**。一想到這裏，蘇章內心十分為難。

清河太守以為受賄的事情**人不知，鬼不覺**，沒想到竟然**走漏風聲**，嚇得不知如何是好。聽說冀州刺史是昔日好友蘇章的時候，他

成語自學角

名滿天下：形容聲名傳播得很廣。

兩袖清風：除了兩袖的清風外，身上別無所有。形容官吏清廉，毫無貪贓枉法之事。

公私分明：能劃分清楚公家和私人的分際，而不混淆。

中飽私囊：經手公款，以不正當的手段，從中牟利自肥。

形影相依：形容關係親密，無時無處不在一起。

想：蘇章應該會念及同窗情誼，網開一面吧？正當他**惴惴不安**的時候，蘇章派手下接他前去見面吃飯。

蘇章一見老友，急忙迎接，走上去拉他的手，帶他到酒席上坐下。兩人細說舊情，蘇章還不停地替老友夾菜，氣氛融洽。

無所不談：一切事情都可以談。

情同手足：情感如親兄弟般的深厚。

人不知，鬼不覺：比喻極祕密，無人察覺。

走漏風聲：泄漏消息。

惴惴不安：因恐懼擔憂而心神不安寧。

這時，清河太守見氣氛熱絡，**沾沾自喜**，走過去和蘇章說：「我真幸運有你這個好友，不然我鐵定入獄的！」

聽了這話，蘇章推開碗筷，站直身子整了整衣冠，**大義凜然**地說：「今晚我請你喝酒，是盡私人的情誼；明天審案，我仍然會公事公辦，還望你勿見怪！」

第二天，蘇章果然將清河太守抓起來，一點也沒有受到兩人的交情影響。

成語自學角

沾沾自喜： 自以為得意而滿足。

大義凜然： 形容為了公理正義，堅強不屈，嚴峻不可侵犯的樣子。

試從這個故事所學的成語中，選擇最適當的填寫在橫線上。

我和小健雖然不是親兄弟，但卻 (1) ________________。

我們是鄰居，又是同班同學，每天 (2) ________________，

而且一見面就說個不停，幾乎 (3) ________________。

關於火的神話

火是非常奇妙的東西，它能帶來光明，也能烹煮食物，讓人免於飢餓，是不可**取而代之**的。

在希臘神話中，當世界剛成形時，宙斯是主宰一切、**呼風喚雨**的天神。他命令普羅米修斯用泥土造人，並教人們知識技藝。但他**千叮萬囑**普羅米修斯：「你可以送人們禮物，但不能送神才可以擁有的火！」

「知道。」普羅米修斯接到任務後，便開始造人，並幫助人們適應地上的生活。

但是人間沒有火，人們只能吃又硬又冷的乾食。到了晚上就**天昏地黑**，到處**伸手不見五指**。尤其是冬天，人們只能瑟縮着發抖。普羅米

成語自學角

取而代之：本指取代他人的地位。後泛指以其他事物取代原有的事物。

呼風喚雨：形容法術高強，能夠召喚風雨。也比喻人神通廣大、很有影響力。

千叮萬囑：一再叮嚀囑咐。

天昏地黑：天色昏暗無光。

伸手不見五指：視線極微。比喻非常黑暗。

修斯看了**於心不忍**，便拜託宙斯的女兒雅典娜助他**一臂之力**，一同偷火。

雅典娜和普羅米修斯一樣善良，她不忍心看見人民受苦，於是答應了。

一天，雅典娜趁宙斯不在，和普羅米修斯**裏應外合**。普羅米修斯**戰戰兢兢**地溜回天上，從太陽神阿波羅的馬車上點燃了一簇火，然後偷偷帶到地上。

宙斯回到天上，俯瞰人間，居然看見一團團光亮的火焰。他發現是普羅米修斯偷了火，**勃然大怒**！

於心不忍：因內心憐憫而狠不下心作某種決斷，多表示對受害者的同情。

一臂之力：一隻手臂的力量。比喻從旁給予的援助。

裏應外合：外面圍攻，入面接應，互相配合。

戰戰兢兢：因畏懼而顫抖。形容戒懼謹慎的模樣。

勃然大怒：忿怒的模樣。

宙斯命令屬下把普羅米修斯綁在荒山，用鐵鍊鎖在峭壁上，任由禿鷹攻擊，**日復一日**，承受着巨大的痛苦。人們則因為普羅米修斯偉大的奉獻，開始了有火的日子。

成語自學角

日復一日：一天又一天。形容時間的消逝、流轉。

你認為宙斯為甚麼要懲罰普羅米修斯？

如果沒有太陽、火焰和電力，世界會變成怎樣？試運用這個故事所學的成語，說說你的想法。

如果沒有太陽、火焰和電力，
世界可能會……

朱元璋賣藥

元朝末年，朝廷腐敗，百姓過得**苦不堪言**。很多英雄好漢都想推翻朝廷，朱元璋是其中一位，但他兵力始終不夠。**足智多謀**的朱元璋思考了很久，忽然**靈機一動**，心中有了個絕妙辦法。

當時出現了一種奇怪的傳染病，因為沒有藥可醫治，人們日日夜夜**提心吊膽**。朱元璋從一名高人手中求得**獨一無二**的祕方，**夜以繼日**製作出大量的藥丸，然後打扮成道士賣藥。

朱元璋的藥果然有效，漸漸地，康復的人越來越多，他的名聲也傳了開來，人們看見他無不流露出感激的眼神。

成語自學角

苦不堪言：痛苦得無法用言語來形容。

足智多謀：形容人聰慧多謀略。

靈機一動：心思忽然有所領悟。

提心吊膽：形容心理上、精神上擔憂恐懼，無法平靜下來。

獨一無二：只此一個，別無其他。比喻最突出或極少見，沒有可比或相同的。

夜以繼日：夜晚到白天，一直不歇息。

不久，流行病消失了，可是朱元璋又打扮成道士的模樣出來賣藥。人們覺得很奇怪，問他：「你怎麼又來賣藥呢？」

朱元璋裝做驚訝地說：「哎呀！你們不知道又有一種更厲害的流行病要發生了嗎？」人們一聽都害怕起來，**爭先恐後**地向朱元璋買藥丸，藥丸一下子就賣光了。

朱元璋鄭重地告訴每一個買藥的人說：「記住，在正月十五那天晚上把藥打開服下，才能避免感染。」藥統統賣完後，朱元璋**不動聲色**地回到軍中部署兵馬。

由於人們非常信任朱元璋，所以沒有人提早打開藥丸。到了正月十五晚上，人們打開藥丸，發現有張小紙條，上面寫着：「今晚元宵，元朝該倒，大家起來，殺元朝。」

爭先恐後：競相搶先而不肯落後。

不動聲色：一聲不響，不流露感情。

當時，國家弄得**民不聊生**，**怨聲載道**，人民早已想反抗了。看了紙條，個個都加入朱元璋的軍隊，一路**勢如破竹**，把元朝的軍隊打了個**落花流水**，推翻了腐敗的元朝。

成語自學角

民不聊生：人民無法生活下去。形容百姓生活非常困苦。

怨聲載道：到處充滿了怨恨的聲音。形容大眾普遍怨恨、不滿。

勢如破竹：形勢如同劈竹子一樣，只要劈開上端，底下自然會隨着刀勢分開。比喻戰事順利進展，毫無阻礙。

落花流水：形容暮春殘敗的景象。也指零落殘敗，亂七八糟的景象。

思考園地

如果朱元璋第一次賣藥，就把小紙條藏在藥丸裏，你認為他能否成功號召人們起來反抗？

試從這個故事所學的成語中，選擇最適當的填寫在橫線上。

1. 這條裙子__________________，錯過就買不到了！

2. 哥哥為了考上大學，__________________地努力讀書。

關公的紅臉

關羽，也叫做關公，是三國時代著名的武將。他為劉備建立了許多功勞。打仗時，勇敢的關羽總是第一個**衝鋒陷陣**。只要他一出馬，就能**橫掃千軍**，輕鬆奪得勝利。他不但有智有勇，而且**所向無敵**，是許多敵人的眼中釘。

關羽**虎背熊腰**，有一張紅臉，目光炯炯有神，全身散發一股正氣。傳說關公的紅臉是這樣來的：

東漢末年，政治動盪不安使**生靈塗炭**。一晚，有個老和尚忽然做了一個奇怪的夢。他夢見一個身穿盔甲、能**騰雲駕霧**的天將對他說：「我

成語自學角

衝鋒陷陣：深入敵方陣地向敵人攻擊。形容作戰英勇。

橫掃千軍：氣勢威猛，消滅大量的敵軍。後形容勇武，打敗敵手。

所向無敵：所到之處，無人可相與抗衡。形容力量強大，銳不可擋。

虎背熊腰：背寬厚如虎，腰粗壯似熊。形容人的體形魁偉。

生靈塗炭：形容人民生活於極端艱苦的困境。

騰雲駕霧：駕雲乘霧，指在空中飛行。也比喻奔馳疾速。

是東海的龍神。現在天下給一羣小人弄得**烏煙瘴氣**，我看到後**痛心疾首**，決定用全身的精血化成人形，來解救蒼生百姓。明晚三更，你放一隻金碗在院子中央。接滿了我的精血後把金碗封好，等過了一百天，才可把碗打開，否則會**功敗垂成**！」

第二天晚上，老和尚按照夢中龍神的話去做。天一亮，老和尚怕吵醒還在呼呼大睡的小和尚，**躡手躡腳**走進院中，把金碗收好、密封起來，再小心謹慎地放在房間，並對這件事**守口如瓶**，不曾提起。

日子一天天過去了，恰巧第九十九天，老和尚有事要出門。臨走前，他特別吩咐小和尚千萬不可以碰那隻金碗。小和尚點頭說好，老和尚這才放心出門。

烏煙瘴氣：形容人事或環境黑暗混亂。

痛心疾首：痛恨、怨恨到極點。

功敗垂成：事情在即將成功時失敗了。

躡手躡腳：放輕手腳走路，行動小心翼翼，不敢聲張的樣子。

守口如瓶：嘴像瓶口一樣封得嚴緊。比喻嚴守祕密。

不料，老和尚離開沒多久，一個小和尚就受不了好奇心的驅使，偷偷走進老和尚的房內。一開金碗，只見**光芒萬丈**，刺得小和尚睜不開眼。突然，碗中跳出一個滿面通紅的小孩。因為還差一天，所以小孩的臉部仍有血色。這個小孩就是關公，從此紅臉就成了關公最鮮明的特徵了。

成語自學角

光芒萬丈： 光輝燦爛，照耀遠方。比喻氣勢雄厚。

關羽是「忠義」的代表人物，在歷史書《三國志》和小說《三國演義》都有關於他的記載，你知道多少關羽的事跡故事？

試從這個故事中選出適當的成語，取代以下句子的橫線部分。

1. 那匹馬四腳凌空，有如在空中飛行一樣，轉眼之間已跑到遠方。

　______________________

2. 我放慢腳步，小心翼翼地走進爸媽房間，怕驚醒睡着的弟弟。

　______________________

3. 我校男子籃球隊是出了名的強隊，在比賽場上沒有一隊可以跟他們比拼，他們已連續五年奪得校際比賽冠軍了。

　______________________

會吐金的石牛

戰國時期，蜀國擁有大片肥沃的土地。秦國對蜀國**虎視眈眈**，一直**處心積慮**想併吞它。可是蜀國和秦國的交界是一片**懸崖峭壁**，軍隊不易通行。秦王為此深深苦惱，卻始終**一籌莫展**。

「大王，我有個**天衣無縫**的好方法！」這天，一位機智的大臣獻上一個妙法。

成語自學角

虎視眈眈：像老虎般在暗處注視着。形容貪婪地盯着，等待時機下手。

處心積累：內心策劃已久。用在較負面的意義上。

懸崖峭壁：高峻的山崖，陡峭的石壁。形容山勢高直險峻。

一籌莫展：一點計策也施展不出來。比喻毫無辦法。

天衣無縫：古代傳說中，認為神仙衣裳非用人間針線縫製，故無縫痕。後比喻做事精巧，無隙可尋；或指詩文渾然天成。

秦王聽了忍不住鼓掌說：「這妙計教人**心悅誠服**！」

秦王命人將大石頭雕刻成牛的模樣，並在牛身上塗滿鮮豔的顏色。然後叫人在**三更半夜**把石牛放在靠近兩國交接的邊界，還在牛的四周撒下許多金子，最後派人四處把石牛會吐出黃金的謠言說得**天花亂墜**，令人**深信不疑**。

蜀王天生貪財，消息一傳到他耳中，立刻吸引了他的注意。

秦王知道後，故意派人告訴蜀王，說為了兩國友好，願意把石牛送給蜀王。蜀王聽了**欣喜若狂**。

可是日子一天天過去，蜀王等了很久，秦國還沒把石牛送來。派人一打聽，才知道是國界崎嶇難走，石牛運不過來。於是蜀王馬上命令士兵連夜挖出一條大道來。

心悅誠服：指誠心誠意的服從。

三更半夜：夜間十一時至隔日凌晨一時。指深夜。

天花亂墜：形容說話言辭巧妙，有聲有色，非常動聽。亦指誇大而不切實際。

深信不疑：非常相信，毫不懷疑。

欣喜若狂：形容快樂、高興到了極點。

沒多久，秦國的大軍突然攻打蜀國，蜀王還在美夢中呼呼大睡，夢見那頭會吐黃金的石牛呢！蜀國**措手不及**，一下子給併吞了。

原來秦王知道蜀王貪心，於是設下「石牛吐金」的妙計引誘他，**不費吹灰之力**即為自己的軍隊開了條大道，以便攻城。而蜀王甚麼都沒得到，還因為貪圖利益賠上了國家！

成語自學角

措手不及：事情發生太快，來不及還手應付。

不費吹灰之力：比喻事情輕而易舉，連吹灰般微小力量都可不必花費。

思考園地

你認為蜀國為甚麼會給秦國併吞？

試根據圖片內容，運用以下成語，說出一個完整的故事。

成語		
虎視眈眈	處心積累	三更半夜
欣喜若狂	天衣無縫	措手不及

脾氣火爆的人

有天，小三和小四在聊天。小三對小四說：「有個和我一起工作的人，名叫王五。他的脾氣火爆，動不動就暴跳如雷。不是打破桌子，就是踢破椅子，十分可怕！」小三對王五生氣的過程**歷歷在目**，好像正在眼前發生一樣。小三繼續說：「我們都很怕他，凡是他叫我們做的事情，我們都**千依百順**，替他完成。**成年累月**的順從，誰能受得了呢？他以為大家都敬重他，大家只是敢怒不敢言啊！」

小四說：「竟然有這樣脾氣火爆的人？」

小三點點頭說：「嗯，**千真萬確**！現在想起來也**心有餘悸**呢！」

成語自學角

歷歷在目：清清楚楚地呈現在眼前。

千依百順：形容凡事順從。

成年累月：年復一年，月復一月。形容長時間。

千真萬確：非常確實。

心有餘悸：危險不安的事情雖已過去，但回想起來心裏仍感到害怕。

這時候，王五剛好從屋外經過，小三的話全都傳進他耳中。

王五立即跑到門口，**氣勢洶洶**地使勁一踢，把門踢開，衝進屋中。王五看見小三，一把抓住他的領口，打得小三眼冒金星。

小四反應過來後，把王五拉開，怒斥說：「你怎麼可以動手打人？君子動口不動手，你這樣豈是一個**正人君子**的作為？」

王五氣呼呼地說：「我脾氣火爆？這種說話根本是**子虛烏有**！他**含血噴人**，到處**胡說八道**，想把過錯推在我身上，我當然要好好教訓他！」

氣勢洶洶：形容盛怒時，氣勢兇猛的模樣。

正人君子：品行端正的人。

子虛烏有：「子虛」和「烏有」都是虛構的人物，故以子虛烏有表示為假設而非實有的事物。

含血噴人：比喻捏造事實，誣賴他人。

胡說八道：沒有根據地亂說。

小四說：「你這樣做不正是脾氣火爆的表現嗎？」王五回過神來，發現自己一掌打得小三**鼻青臉腫**，瞬間羞愧得**面紅耳赤**……

當別人指責我們的缺點，我們不該反過來指責他人，應該先檢討自己有沒有過錯，有則謙虛改過，沒有則繼續保持，才可以讓自己變得更好。

成語自學角

鼻青臉腫：形容臉部受傷烏青紅腫的慘狀。

面紅耳赤：形容因羞愧、焦急或發怒時，臉上、耳朵發紅的模樣。

思考園地

你認為自己脾氣火爆嗎？或你身邊有脾氣火爆的人嗎？想想發脾氣會帶來甚麼壞影響。

試從故事中選出適當的成語，完成圖中人物的對話。

謝謝你把錢包還給我，你真是一位 (1) ________________。

你 (2) ________________，我根本沒有偷你的東西！

我看到你偷的，這是 (3) ________________ 的事！

和仙人做朋友

從前有位勤奮好學的讀書人，他每天**手不釋卷**，以期**有朝一日**能考上狀元，當上大官，自此一路平步青雲、**飛黃騰達**，擺脫現在**囊空如洗**的貧窮狀況。

成語自學角

手不釋卷：手中總是拿着書卷。比喻勤奮好學。

有朝一日：將來有一天。

飛黃騰達：飛黃，神馬名。騰達，形容馬的飛馳。比喻得意於仕途。

囊空如洗：囊，口袋。口袋裏空空的，像洗過一樣。形容窮到極點身上連一個錢也沒有。

一日，有位老人前來拜訪，說：「我深知自己**才疏學淺**，聽說你**學富五車**，所以想來和你一起學習。」讀書人和老人**一見如故**，以朋友稱呼對方。讀書人留老人夜宿一晚，兩人一起吟詩作對，好不暢快。第二天早上，老人離開前，二人再相約晚上聚會。

就這樣，他們成為了**忘年之交**，彼此互相學習。

有一晚，讀書人對着空空的廚房歎氣。老人聽見了，口中唸唸有詞，突然，米缸裏出現了滿滿的米粒。

讀書人**喜出望外**，忙問：「這究竟是怎麼一回事？」

老人呵呵笑說：「我是仙人，平時喜歡讀書賞文，聽說你也喜歡，才來找你。」

才疏學淺：才能不高，學識淺薄。多用作自謙之詞。

學富五車：形容人書讀很多，學問淵博。

一見如故：第一次見面時相處和樂融洽，如同老朋友一般。

忘年之交：不拘年歲行輩而結交為友。

喜出望外：指因意想不到的事感到欣喜。

讀書人一聽，起了貪念，說：「既然你法力高強，那就替我改造這間破房屋吧！」老人心想兩人交情深厚，讀書人又那麼貧困，便把房子變得美輪美奐，**煥然一新**。

讀書人十分滿意，左想右想，竟然**貪得無厭**，說：「不如你幫我考取功名吧！」

老人一聽，神情大變，說：「我是用學問和你交朋友，而你卻只想從我身上得到好處。這樣的友誼不要也罷！」隨即，老人化成煙霧消失了。讀書人後悔不及，再也找不回這個值得深交的仙人好友……

成語自學角

煥然一新：將舊有的整治一番，改成新的氣象。

貪得無厭：貪心而不滿足。

思考園地

你認為朋友甚麼時候要互相幫助，甚麼時候要拒絕對方？

試從這個故事所學的成語中，選擇最適當的填寫在橫線上。

青青是個喜歡唱歌的小女孩，期望 (1) ____________________ 成為歌星。一日，她遇到了自己很喜歡的歌星阿譚。她們的年齡雖然相差四十多年，但二人 (2) ____________________，就像朋友一樣互相對待，結為 (3) ____________________。

吝嗇鬼

從前有個斤斤計較的人，他一見到人立即裝窮，想佔人便宜，大家都叫他「吝嗇鬼」。

一天，祭拜土地公的日子來了。吝嗇鬼看着自己滿櫃的食糧，連拿出一點供品也不捨得，內心天人交戰……最後不得已，咬牙拿出昨晚的剩菜剩飯。

拜完土地公，吝嗇鬼回頭遇見一個骨瘦如柴的老乞丐，正在盯着自己看。他只是冷言冷語：「我跟你一樣窮的，別想跟我乞討！」

乞丐說：「別緊張，我只是想問件事。我剛剛找到這東西，不知道是甚麼，你能幫我看看

成語自學角

斤斤計較：計較微小的利益或無關緊要的事物。形容小氣、在意得失。

天人交戰：正義和私慾相互衝突。

骨瘦如柴：骨架瘦得露出來，根根像木材一樣。形容非常消瘦。

冷言冷語：諷刺、譏笑的話。

嗎？」他邊說邊拿出一顆晶瑩閃亮的珠子，目露神采地問：「你說這能換包子嗎？」

吝嗇鬼心想：真是傻子，連**價值連城**的夜明珠都不知道！他故意說：「這東西看起來雖美，可惜**一文不值**，讓你空歡喜一場了！」

乞丐問：「不能換食物嗎？」

「啊！我想起家中有些食物，請你來吃，怎樣？」吝嗇鬼**心懷鬼胎**，卻假裝**樂善好施**。

可是他沒想到乞丐到他家後，竟然**翻箱倒櫃**搜出所有食物，一下統統吃光。吝嗇鬼十分心痛，但心想：忍一忍！那顆夜明珠值幾萬兩！

價值連城：戰國時，秦王願以十五座城池來換取寶物。形容東西十分珍貴。

一文不值：比喻毫無價值。

心懷鬼胎：心中藏有不可告人的念頭。

樂善好施：指樂於行善，喜好施捨、濟助他人。

翻箱倒櫃：形容到處尋找。

乞丐要走前，將夜明珠送給他。吝嗇鬼**得意洋洋**，以為自己的計謀成功了。晚上，吝嗇鬼**小心翼翼**地拿出夜明珠來欣賞，卻發現它變成又黑又醜的石頭，上面還刻有「土地公到此一吃」七個字。

吝嗇鬼只想從別人身上佔便宜，卻不想自己先付出。你認為這樣的人，土地公還會保佑他嗎？

成語自學角

得意洋洋： 形容十分得意的樣子。

小心翼翼： 非常謹慎，不敢疏忽。

思考園地

你遇過愛佔小便宜的人嗎？事情是怎樣的？你對他／她的行為有甚麼感受？

以下事物中，哪些對你來說是一文不值的、哪些是價值連城的？為甚麼？

1. 寶石
2. 第一次畫的畫
3. 黃金屋
4. 第一名的成績表
5. 自信心
6. 親人
7. 困難與挑戰
8. 運氣
9. 小動物
10. 回憶
11. 自己寫的文章
12. 歡笑
13. 失敗的經驗
14. 鼓掌聲
15. 付出的努力
16. 其他：______________________

好風水

從前有位風水先生外出旅遊，因為是盛夏，他走得**口乾舌燥**。不遠處有間茅草屋，他**喜不自禁**，快步上前敲門。

門內走出一位**和藹可親**的老婦人，聽風水先生把情況說完，讓他稍等片刻，立即去燒熱水。可是先生急於解渴，看見門後有一缸水，便想直接舀水來喝。這時老婦人突然抓一把稻糠灑在水缸裏，風水先生既錯愕又不悅，但出於禮貌也沒有發脾氣，只是耐心地吹開稻糠慢慢喝。

喝完了，風水先生與老婦談起話來。老婦人得知他是風水師，請他指點建造新屋的好地點。他想起剛才的事情，**耿耿於懷**，故意選了一處風水不好的地點，隨便指示老婦人方位所在後，便告辭離去。

成語自學角

口乾舌燥：這裏指嘴巴因缺水而覺得乾燥口渴。也可形容說話太多。

喜不自禁：高興得不得了。

和藹可親：態度溫和，容易親近。

耿耿於懷：有事牽絆，不能開懷。

數年後，風水師舊地重遊，發現**年久失修**的茅草屋已消失，附近則蓋了間大屋。當年的老婦人剛好從大屋走出來，看上去**容光煥發**，精神飽滿。她看見風水先生，馬上熱情地上前說：「多謝先生**指點迷津**，選中這塊佳地造屋，自此**豐衣足食**。我一直不知如何答謝先生，沒想到您**大駕光臨**。」

老婦人熱情地設宴款待，說起當年的事，老婦人笑說：「那年先生來此，我一時沒有茶水招待，害您要喝涼水。我怕

年久失修：建築物因年代久遠，缺乏管理維修而損壞。

容光煥發：臉上呈現閃耀的光彩。形容人精神飽滿，生氣蓬勃。

指點迷津：針對事物的困難處，提供解決的方向、辦法或途徑。

豐衣足食：衣食充足。形容生活富裕。

大駕光臨：大駕，對人的敬稱。大駕光臨指歡迎別人來訪。

您在**氣喘吁吁**的情況下，急着喝冷水會出毛病，所以在水面上灑了稻糠，果然您就吹開稻糠慢慢喝。當時沒有及時說明，抱歉抱歉！」

風水先生聽了這話羞得**無地自容**，心想老婦人胸無城府，自己卻**以怨報德**，太不應該！他真誠地說：「風水並不一定靈驗，從來善有善報，勤勞致富。您才是值得我學習的人啊！」

成語自學角

氣喘吁吁： 大聲喘氣、呼吸急促的模樣。

無地自容： 無處可以藏身。形容羞愧至極。

以怨報德： 用怨恨來回報別人給予的恩德。

思考園地

你認為與人相處時，怎樣才可以避免產生誤會？

以下哪幅圖能代表你現在的生活？你會運用哪個成語形容你現在的生活？為甚麼？

輸不起的龍王

傳說很久以前，東海乘山島每年的漁獲**寥寥無幾**。直到有一天，島上出現一位下棋本領**高人一等**的「東海棋怪」。

東海龍王敖廣是個下棋高手，他想：怎會有人比得上我！於是搖身變成漁夫，去與東海棋怪**一決勝負**。

傍晚，乘山島的海邊擺了好幾個棋攤。敖廣眼看一個漁夫快要輸了，忍不住**比手畫腳**起來。這時，一個**濃眉大眼**的漁童對敖廣說：「這位大叔也是棋手吧？」

敖廣見漁童相貌不俗，便問：「你是東海棋怪？聽說你很厲害，我們來下一場吧！」

成語自學角

寥寥無幾：數量極少。

高人一等：超越一般人。

一決勝負：比喻互相較量以決定勝敗、高下。

比手畫腳：以手腳比畫，幫助意思的表達，以求對方了解。

濃眉大眼：密而黑的眉毛，大大的眼睛。形容人的眉目分明，帶有英氣。

漁童呵呵笑道：「只怕輸了，你會臉上無光啊！」

「哼！我若輸給你，我年年向乘山島送上魚鮮！」

「好！」漁童擺開了棋局，沒幾步，已把敖廣的棋吃掉。

敖廣一陣**手忙腳亂**，很快就輸了。**重整旗鼓**再戰，這回他**步步為營**，但終究不是漁童的對手。眼看又要輸了，只好討來救兵南斗仙翁。可是漁童依然**面不改色**，**從容不迫**地下棋。

手忙腳亂：形容做事慌亂，失了條理。

重整旗鼓：重新整頓發號施令的旗幟和戰鼓。比喻失敗後積聚力量，重新行動。

步步為營：軍隊前進一程，就建立一個營壘，嚴防敵人攻擊。比喻小心謹慎，防備周全。

面不改色：不改變臉色。形容遇到危險時神態鎮定。

從容不迫：鎮定不慌張。

這時，南斗仙翁突然大拍額頭，在敖廣耳邊說：「前幾天聽北斗仙翁說，他的棋盤少了一隻棋，原來搖身變成了這小漁童。」他搖搖頭說：「走吧！我們不是他的對手。」

敖廣聽了**惱羞成怒**，把棋盤一掀，氣呼呼地走了。而輸棋的他，只得兌現諾言，年年送上魚鮮。從此，乘山島成了漁獲豐富的好地方。

成語自學角

惱羞成怒： 因羞愧而惱恨發怒。

試組合以下文字，說出兩個故事中的成語。

眉	體	濃	天	大
凜	步	風	步	凜
成	眼	跟	咸	人
為	營	威	傻	旗

盲人說笑

從前有位盲人，因為眼睛看不見，總是擔心別人會笑他，所以**一言一行**都模仿他人，希望表現出自己和其他人並沒有不同。

這天**火傘高張**，大家紛紛跑到樹下乘涼，盲人也跟着去了。老人家閒話家常，小孩子嘻鬧着，氣氛融洽。

其中兩個小孩在抓蟬。只見前面的小孩**聚精會神**地盯着蟬，怕牠會逃走。後面的小孩緩緩伸出沾滿樹膠的木棍想去黏住蟬，不料前面的小孩一轉身，後面的小孩走避不及，木棍不偏不倚，恰恰黏在他的鼻上，嚇得他**嚎啕大哭**。

成語自學角

一言一行：言談舉止。

火傘高張：比喻烈日當空。

聚精會神：本指集合眾人的智慧。後形容專心致志，精神集中。

嚎啕大哭：大聲哭泣。

看到這，大家**哄堂大笑**。有的**仰天大笑**，有的笑到彎腰駝背。

盲人忽然聽到笑聲，心中**茫然不解**：他們笑甚麼呢？算了，**不管三七二十一**，我也跟他們歡歡喜喜地笑吧！於是也跟着一起大笑：「哈哈！哈哈！好好笑！」

大家見盲人也笑，非常奇怪，便問：「你在笑甚麼？你知道發生甚麼事嗎？」

哄堂大笑：形容眾人同時大笑。

仰天大笑：仰望天空大聲狂笑。

茫然不解：對事情無所知或不能理解。

不管三七二十一：不顧一切，不論是非情由。

盲人**一問三不知**，心想：自己笑錯了嗎？他緊張得嘴角顫抖，支支吾吾地說：「和、和你們一起笑，不會錯了吧！」

盲人因為眼睛看不見，一心想和其他人一樣，於是跟着別人做相同的事。但他忘記了自己，忽略了每個人都是**絕無僅有**，每個人都有自己的特色。

成語自學角

一問三不知：指從頭至尾全部都不知道。

絕無僅有：只此一個，絕無其他。形容極為稀少。

試從這個故事所學的成語中，選擇最適當的填寫在橫線上。

1. 那個大明星的 ________________ ____________，都是公眾的焦點。

2. 這幅畫全世界只有一幅，可說是____________________。

3. 爸爸問了小明幾個問題，他都是 ____________________________，令爸爸十分生氣。

4. 弟弟一直 __________________ ______________，無論怎樣哄他都沒有用。

差點就掉了腦袋

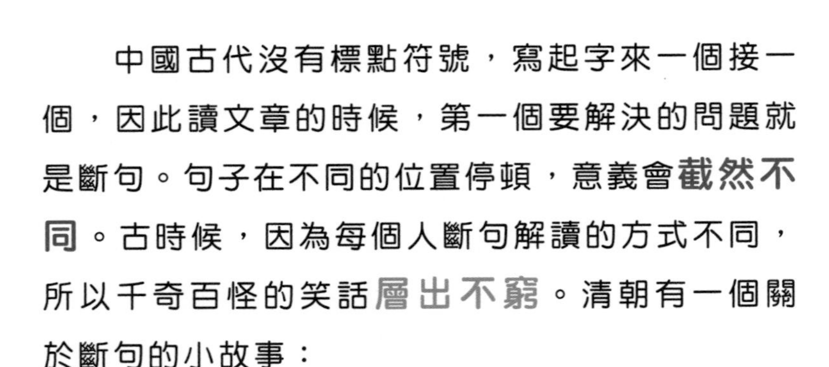

中國古代沒有標點符號，寫起字來一個接一個，因此讀文章的時候，第一個要解決的問題就是斷句。句子在不同的位置停頓，意義會**截然不同**。古時候，因為每個人斷句解讀的方式不同，所以千奇百怪的笑話**層出不窮**。清朝有一個關於斷句的小故事：

清朝末年，慈禧太后掌控朝政，擁有**生殺之權**，可說是一人之下，萬人之上。一日，她聽說有位書法家的文字寫得**龍飛鳳舞**，出色驚人，便叫他進宮，讓他在扇子上寫字。

成語自學角

截然不同：彼此差異非常明顯。

層出不窮：比喻事物接連出現，沒有窮盡。

生殺之權：掌握使人生存或死亡的權力。形容權力極大。

龍飛鳳舞：形容書法筆勢生動活潑。後亦用來形容筆跡潦草零亂。

那位書法家當場寫了唐朝詩人王之渙的《涼州詞》：

黃河遠上白雲間　一片孤城萬仞山

羌笛何須怨楊柳　春風不度玉門關

書法家**誠惶誠恐**地在扇子上題字，因為緊張過度，以致**汗出如漿**，整件衣服幾乎都濕了。

寫好後，慈禧太后看了看，**欣喜雀躍**！但她越看臉色越不對勁，突然**怒火中燒**，大喊：「來人，給我拖出去！」原來是書法家漏寫了「間」字！慈禧太后以為書法家是故意少寫了字，以為她不會發現，藉此嘲笑她**目不識丁**，沒有學識。

誠惶誠恐：本為臣子向皇帝上奏章時所用的敬詞。後用以形容內心非常惶恐不安。

汗出如漿：流出的汗水像水漿一樣多。形容驚恐的模樣。

欣喜雀躍：形容極為快樂、興奮。

怒火中燒：心中升起熊烈的怒火。形容非常憤怒。

目不識丁：連「丁」字都不認識。比喻不識字或毫無學問。

那個書法家見太后大怒，嚇得**魂不附體**，但旋即**急中生智**，解釋說：「太后饒命！您有所不知，我這是套用原詩的詩意填的歌詞啊！請聽我緩緩道來。」接着他開始唱誦：

黃河遠上　白雲一片　孤城萬仞山

羌笛何須怨　楊柳春風　不度玉門關

慈禧太后聽了轉怒為喜，送給書法家大把銀子。

書法家**隨機應變**，才救得回自己的小命。

成語自學角

魂不附體：靈魂脫離肉體。形容驚嚇過度而心不自主。

急中生智：在緊急狀況下猛然想出了應付的方法。

隨機應變：隨着時機和情況的變化而靈活應付。

思考園地

根據故事，你認為書法家是個怎樣的人？

試在以下表格找出故事中的成語，填上顏色。

出	誠	惶	欣	目	不
漿	出	誠	飛	魂	識
急	汗	恐	隨	不	附
中	水	目	目	不	體
生	智	不	不	識	丁
然	怒	火	中	燒	同

楚國有個書生**家徒四壁**。一天他在屋裏讀書，偶然間看到一則關於螳螂捕蟬的故事，書上寫：螳螂捕蟬時常常用葉子遮住自己的身體，讓其他昆蟲看不見。如果有人能得到螳螂捕蟬時，用來隱蔽身體的那片樹葉，就可以隱身。書生眼睛一亮，變得**神采奕奕**。他在想：如果能得到這片神葉，就可以神不知鬼不覺地拿到自己想要的東西。於是，書生扔下書本，急忙跑到村外的樹林尋找隱身葉。

皇天不負苦心人！找了好久，書生終於看見一隻螳螂，牠躲在樹葉後面，旋即撲向眼前的蟬。書生連忙把葉子摘下來，**如獲至寶**。忽然一陣風吹過來，葉子飛了出去，和地上的落葉混在一起。

成語自學角

家徒四壁：家中只剩下四周的牆壁。形容家境極為貧困。

神采奕奕：形容人精神飽滿，容光煥發。

皇天不負苦心人：形容老天有眼，絕不會辜負意志堅強的人。

如獲至寶：好像得到最珍貴的寶物。比喻喜出望外。

「哪一片才是剛才摘到的樹葉呢？」書生分辨不出來，只好把這一大堆樹葉全都帶回去。

回到家，他拿出一片葉子遮在眼前，問妻子：「你看得見我嗎？」妻子忙着做家務，**漫不經心**地答：「看得見。」書生又拿了好幾片問，妻子還是說看得見。

他一直問，令妻子**不勝其煩**，便**敷衍了事**，說：「看不見了！甚麼都看不見了！」書生**歡喜若狂**，立刻帶着手上的葉子出門去。

他跑到市集一間店鋪，挑中一件貴重的頭飾，然後取出葉子遮在眼前，**明目張膽**地伸手拿走頭飾，**大搖大擺**走了出去。

漫不經心：毫不留意。

不勝其煩：不堪繁雜的事、不堪別人的打擾。

敷衍了事：形容辦事不認真或對人不熱情，表面應付了事。

歡喜若狂：形容高興到了極點。

明目張膽：張大眼，壯着膽。形容有膽識，無所畏懼。後比喻肆無忌憚地公然做壞事。

大搖大擺：形容自信或得意揚揚的模樣。

店員一臉驚訝，大喊：「來人啊！把這個強盜給我抓起來！」這時，數名壯漢飛快地將他團團圍住，抓到衙門去。

縣官問書生為甚麼偷東西，他把**來龍去脈**說出來。縣官笑得**前仰後合**，說：「螳螂那麼小，葉子可以遮住牠的身體，可是人這麼大，一片葉子怎可能遮得住呢？」書生想了想，覺得縣官說得有道理，而縣官認為他只是個書呆子便把他放了。這個故事就是成語「一葉障目，不見泰山」的出處，形容人做事只注重表面或局部，忽略或無法看到事物的全貌，以致造成偏差或錯誤。

成語自學角

來龍去脈： 比喻事情前後關聯的線索或事情的前因後果。

前仰後合： 身體前後晃動。多用來形容大笑、困倦、酒醉時站不穩的樣子。

試從這個故事所學的成語中，選出適當的填寫在橫線上。

1. 真是 ______________，他付出了這麼多努力，如今總算得到回報了。

2. 晚餐時，弟弟一直在哭鬧，讓人 ______________。

3. 做事要專心致志，如果 ______________，是很容易出錯的。

4. 考試時，小明竟然 ______________ 作弊。

5. 大家等了他大半天，他 ______________ 走進來，卻沒有絲毫歉意。

走得快的祕訣

寺中有個小和尚，他每天清晨要掃地，做完早課後要買日用品。回來後要幹活，晚上還要讀經。小和尚就這樣**循規蹈矩**生活，不知不覺，十年已過。

有一天，他和其他小和尚聊天，才發現別人都過得清閒，只有自己天天忙得**不可開交**。別的小和尚偶然也會下山購物，但他們去的是山前的市鎮，路途平坦，距離不遠，買的東西也多是輕便的。

小和尚**百思不解**，便問方丈：「為甚麼別人都比我輕鬆呢？」方丈只是微笑不語。

第二天中午，小和尚扛着一袋米從後山回來，發現方丈在等他。方丈把他帶到前門，閉目不語，小和尚**不明所以**，便站在一旁。直到太陽西下，前面山路上才見到幾名小和尚的身影。

成語自學角

循規蹈矩：遵守規矩，不敢違反。也指拘守舊準則，不敢稍做變動。

不可開交：形容無法擺脫或結束。

百思不解：經過反覆思考，仍然無法了解。

不明所以：不知甚麼原因。

方丈問小和尚：「同樣都是一早出門，為甚麼你中午已回來呢？」

小和尚說：「我每天上路心無旁鶩，只想早去早回。回程時，由於肩上的東西重，我**如履薄冰**，專注地走，很快就抵達了。」

幾個月後，寺院忽然嚴格考核眾僧，考毅力也考經書。小和尚有了十年磨煉，能力**不在話下**，所以在眾僧中**脫穎而出**。原來，腳踏實地的磨煉，就是成功的**不二法門**。

如履薄冰：好像走在薄冰上。比喻處事極為謹慎小心。

不在話下：事情理所當然或告一段落，不用談論。

脫穎而出：比喻有才華的人得到機會而嶄露頭角。

不二法門：唯一的方法。

小和尚就是後來去西方取經的玄奘法師。他的事跡告訴我們，只要立定方向，即使**寸步難行**，也會**苦盡甘來**！

成語自學角

寸步難行： 一小步也行走不得。形容行走困難，或比喻處境艱難。

苦盡甘來： 艱難困苦的境遇已經結束，而將逐步進入佳境。

試從這個故事所學的成語中，選擇最適當的填寫在橫線上。

多練習是鍛煉球技的 ________________，

你坐在這裏，對比賽是沒有幫助的。

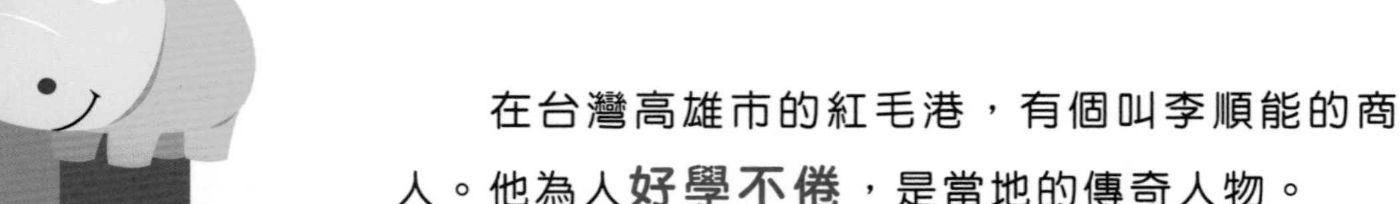

勤學不輟的商人

在台灣高雄市的紅毛港，有個叫李順能的商人。他為人**好學不倦**，是當地的傳奇人物。

李順能從小就愛幻想、喜歡體驗各種新奇的事物，因此父母送他到學校接受教育，看看能不能學得**一技之長**，畢業後好減輕父母的重擔。

由於家中貧困，李順能想要全新的文具、書籍，無疑是**痴心妄想**。他常常撿拾同學用剩丟棄的短鉛筆來寫字，將同學用剩的紙張集結成新的筆記本，向高年級同學借舊書來讀……他體諒父母**含辛茹苦**扶養他長大，從沒說過一句**怨天尤人**的話。

成語自學角

好學不倦：喜好學習而不知疲倦。

一技之長：具有某一種技能或專長。

痴心妄想：痴迷地幻想不能實現的事情。

含辛茹苦：忍辣吃苦。形容受盡各種辛苦。

怨天尤人：懷恨上天，責怪他人。

除了學校課業之外，李順能還把握時間自學繪畫、珠算、書法……**多才多藝**的他，不但是各場比賽中的常勝軍，得獎也是**家常便飯**。同時在學業上，更曾連續六年**名列前茅**！但是在紅毛港，孩童小學畢業後，就要出海捕魚**養家活口**，因此李順能的父母反對他繼續唸書。

多才多藝：具多方面的才能和技藝。

家常便飯：家中的日常飯食。也比喻常見或平常的事情。

名列前茅：比喻成績優異，名次排在前面。

養家活口：維持家庭的生計，養活家人。

於是他畢業後在商店工作，並利用工餘時間進修課業。幾年後，他開始從商，把生意做得**有聲有色**，不但擺脫漁家孩子的悲苦命運，也為自己打拼出極其**光輝燦爛**的未來。他的傳奇事跡成為了**街頭巷尾**的佳話趣談。

成語自學角

有聲有色： 形容人擁有美好的名聲和榮顯的地位。

光輝燦爛： 色彩鮮明，光亮耀眼。多比喻前程的遠大或事業的偉大。

街頭巷尾： 泛指街巷的每個地方。

思考園地

你認為李順能成功的原因是甚麼？

試組合以下文字，說出兩個故事中的成語。

港　巷　有　無　尾

學　五　色　光　十

好　倦　爛　枯　不

術　街　石　海　頭

每月偷一雞

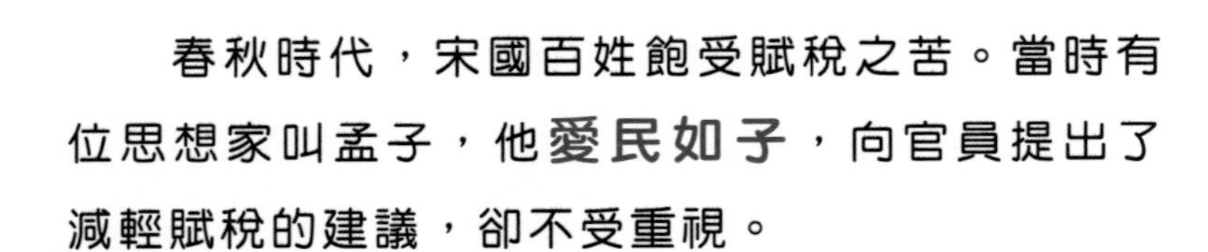

春秋時代，宋國百姓飽受賦稅之苦。當時有位思想家叫孟子，他**愛民如子**，向官員提出了減輕賦稅的建議，卻不受重視。

大官戴盈之知道孟子有智慧，是**不可多得**的人才，便找他來討論徵收賦稅的問題。

戴盈之說：「我向來為百姓謀取福利，**盡心盡力**，可是減稅這件事，以目前國家的情況來看，沒辦法少收啊！」戴盈之再說：「今年稍微減少一些，明年再像你所說，只收十分之一的稅。你認為這樣做好嗎？」

孟子聽了，很不滿意，便說了個故事給戴盈之聽：

「從前有個小偷，每晚偷鄰居的雞到街上販賣。他的朋友知道後，苦口婆心地奉勸他：『你

成語自學角

愛民如子：愛護百姓，好像對待自己的子女一樣。

不可多得：形容非常難得。

盡心盡力：竭盡心思、力量。

為何不知足？這種**偷雞摸狗**的行為，別再做了！難道你不會**忐忑不安**嗎？』

小偷聽了朋友的勸告，想**改邪歸正**，但心內仍然**猶豫不決**，便說：『要我不再每天偷雞，實在沒辦法啊！不如我改成每月偷一隻，到明年再像你所說，完全不偷雞了。你認為這樣做好嗎？』

朋友聽了，知道他**積習難改**，不禁痛心地說：『既然知道偷雞的行為不對，應該**毅然決然**地戒掉這個惡習，哪有等到以後才改正的道理？這根本是在推託！』」

偷雞摸狗：形容做事偷偷摸摸，不光明正大。

忐忑不安：心緒起伏不定的樣子。

改邪歸正：改正錯誤，回到正確的道路上。

猶豫不決：遲疑不定，無法拿定主意。

積習難改：長期形成的習慣難以改變。

毅然決然：形容態度堅決，毫不猶豫退縮。

戴盈之聽完故事，感到無地自容。面對孟子的指責，一時**無話可說**，只好唉唉叫假裝頭痛，然後**溜之大吉**。

孟子批評人們為自己錯誤找藉口，拖延時間而不是真心悔改。假如我們知錯，就應該馬上改正，不應該**拖泥帶水**或再去做這件錯事。

成語自學角

無話可說：指說甚麼話都不管用。或沒有不同意見，表示認可、同意。

溜之大吉：迅速地偷溜逃跑，才是上策。

拖泥帶水：形容身上被泥、水沾污，不利行動。比喻糾纏牽扯。

有些成語含有對立的字，例如「進退兩難」。試從提供的字詞中，選出適當的對立字，填寫在(　)內。

提示字詞

疑/信	輕/重	正/邪
天/地	小/大	上/下

1. (　　)(　　)不容
2. 改(　　)歸(　　)
3. 七(　　)八(　　)
4. (　　)同(　　)異
5. 避(　　)就(　　)
6. 半(　　)半(　　)

成語練功房參考答案

艾莉和她的小牛

1. 艾莉一心一意照顧她的小母牛。
2. 艾莉理直氣壯地跟英國大將軍說話，希望取回她的小母牛。

神奇的袋子

1. 不可勝數
2. 摩肩如雲
3. 面黃肌瘦
4. 狼吞虎嚥
5. 一望無際

慢先生

1. 愁眉苦臉
2. 愁眉不展
3. 眉飛色舞
4. 眉開眼笑
5. 怒目橫眉
6. 火燒眉毛

倒霉鬼

(1) 狂風暴雨
(2) 禍不單行
(3) 無濟於事
(4) 欲哭無淚

真是健忘啊！

(1) 踱來踱去
(2) 平白無故
(3) 破口大罵

鄭人買鞋

1. 不翼而飛；心不在焉
2. 無精打采；默默無言

(答案前後可對調)

受土地公尊敬的小偷

1. 富甲一方；不務正業
2. 腳踏實地

比黃金更重要

1. 我拾起地上那個信封一看，嚇得面如土色。
2. 廚房傳來的香氣，令我食指大動。
3. 王姨姨的熱情招待，讓我們賓至如歸，十分舒服。

鯉魚鬥惡龍

除了千辛萬苦、垂涎三尺和五臟六腑，我還會百中無一、萬無一失、三思而行、七手八腳……(答案僅供參考)

仁慈的樹神

1. 全力以赴
2. 心高氣傲
3. 飛禽走獸
4. 長吁短歎 / 悶悶不樂
5. 無家可歸

被烏捉弄的人

今天有位作家來到學校，跟同學分享寫作心得。在講座上，有些同學七嘴八舌地說個不停，而且越說越大聲，滋擾講者和其他同學。講座結束後，黃老師生氣地訓斥那些頑皮的同學，教導他們要尊重講者，專心聽講座。(答案僅供參考)

獎賞分一半

1　月黑風高
2　春風化雨
一　狂風暴雨

雷和閃電的傳說

1. 天打雷㊀勢　劈
2. 相㊀衣為命　依
3. ㊀吃不充口　食
4. 痛哭流㊀弟　涕
5. ㊀泠嘲熱諷　冷
6. ㊀怒天怨地　怨

一日國王

1. 忙忙碌碌
2. 衣帛食肉／榮華富貴
3. 無微不至
4. 身心交瘁

好官蘇章

(1)　情同手足
(2)　形影相依
(3)　無所不談

關於火的神話

如果沒有太陽、火焰和電力，世界可能會瞬間天昏地黑。耳中只有狂風吹過的聲音，眼前伸手不見五指，不論走多遠走多久也不見天日。(答案僅供參考)

朱元璋賣藥

1. 獨一無二
2. 夜以繼日

關公的紅臉

1. 騰雲駕霧
2. 躡手躡腳
3. 所向無敵

會吐金的石牛

賊人對鄰居家中的古董花瓶虎視眈眈，處心積累想偷走它。他趁着鄰居一家去了旅行，在三更半夜時分偷偷地進入他的家。賊人看着金光燦燦的花瓶欣喜若狂，心想自己的計劃真是天衣無縫！沒料到，鄰居透過家中的閉路電視，看到賊人的舉動，立刻報警。當賊人打開門離開時，警察早已在屋外埋伏，令他措手不及，只好乖乖就範。(答案僅供參考)

脾氣火爆的人

(1) 正人君子
(2) 含血噴人／胡說八道
(3) 千真萬確

和仙人做朋友

(1) 有朝一日
(2) 一見如故
(3) 忘年之交

吝嗇鬼

我認為「付出的努力」是價值連城的。我相信一個人付出的努力永遠不會白費，因為努力的價值不在於能得到多少成果，在於努力本身已是十分珍貴的事物，可以創造出難以計算的可能。相反，我認為「第一名的成績表」是一文不值的。因為它只是反映一時結果的一張紙，考試過程中得到的知識、付出的努力，遠比這張紙或是名次更珍貴。(答案僅供參考)

好風水

我認為圖一能代表我現在的生活，而我會用「豐衣足食」來形容現在的生活，因為爸媽常常買新衣服給我，每餐又有豐富的食物，不用擔心衣食。／我認為圖二能代表我現在的生活，而我會用「三餐不繼」來形容現在的生活，因為我家貧困，吃飯有一餐沒一餐，時常要為衣食擔憂。(答案僅供參考)

輸不起的龍王

1. 濃眉大眼
2. 步步為營

盲人說笑

1. 一言一行
2. 絕無僅有
3. 一問三不知
4. 嚎啕大哭

差點就掉了腦袋

出	誠	惶	欣	目	不
漿	出	誠	飛	魂	識
急	汗	恐	隨	不	附
中	水	目	目	不	體
生	智	不	不	識	丁
然	怒	火	中	燒	同

隱身葉

1. 皇天不負苦心人
2. 不勝其煩
3. 漫不經心／敷衍了事
4. 明目張膽
5. 大搖大擺

走得快的祕訣

不二法門

勤學不輟的商人

1. 好學不倦
2. 街頭巷尾

每月偷一雞

1. 天地不容
2. 改邪歸正
3. 七上八下
4. 大同小異
5. 避輕就重
6. 半信半疑

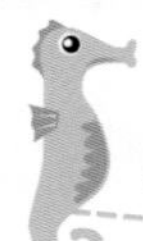

成語分類

分類	成語
待人處事	【積極】自告奮勇、奮不顧身、全力以赴、盡心盡力、重整旗鼓 【消極】自暴自棄、怨天怨地、怨天尤人 【專注】聚精會神、一心一意 【仔細】無微不至、天衣無縫、萬無一失 【分心】漫不經心、心不在焉、魂不守舍、不以為意 【輕鬆】從容不迫、慢條斯理、不費吹灰之力 【繁忙】忙忙碌碌、不可開交 【謹慎】三思而行、左思右想、小心翼翼、步步為營、戰戰兢兢、如履薄冰、循規蹈矩 【輕率】輕舉妄動、敷衍了事、不管三七二十一 【罪惡】中飽私囊、偷雞摸狗、惹事生非、作惡多端、惡貫滿盈、貪得無厭、虎視眈眈、處心積累、心術不正、心懷鬼胎、以怨報德、明目張膽、變本加厲 【正義】公私分明、不偏不倚、大義凜然、兩袖清風、理直氣壯、改邪歸正 【仁愛】寬大為懷、愛民如子、樂善好施、一臂之力、於心不忍 【有禮】彬彬有禮、畢恭畢敬、賓至如歸 【認同】千依百順、心悅誠服、深信不疑、理所當然、不再話下 【機警】心生一計、靈機一動、急中生智、隨機應變 【誠信】一言為定、信誓旦旦 【失信】出爾反爾、言而無信 【自私】一己之私、斤斤計較 【堅決 / 固執】毅然決然 / 一意孤行、固執己見 【懶惰】不務正業、坐享其成、痴心妄想 【揮霍】好大喜功、暴殄天物 【學習】好學不倦、手不釋卷 【祕密】不動聲色、人不知，鬼不覺 【情感交誼】形影不離、形影相依、相依為命、一見如故、情同手足、忘年之交
性格個性	【正面】正人君子、腳踏實地、克勤克儉、和藹可親 【壞習慣】本性難移、積習難改 【驕傲】心高氣傲、盛氣凌人

分類	成語
事態情況	【人羣】絡繹不絕、摩肩如雲、來來往往、熙熙攘攘、人聲鼎沸、爭先恐後 【社會狀況】各行各業、民不聊生、怨聲載道、烏煙瘴氣、街頭巷尾 【禍害】害人不淺、有害無利、生靈塗炭、為民除害 【際遇】千載難逢、飛來橫禍、禍不單行、不白之冤 【因由】來龍去脈、平白無故 【結果】東窗事發、自作自受、天打雷劈、苦盡甘來、皇天不負苦心人 【勝利 / 成功】勢如破竹、所向無敵、名滿天下、飛黃騰達、有聲有色、脫穎而出、名列前茅 【失敗】落花流水、功敗垂成、無濟於事、求之不得、弄巧成拙 【消失】不翼而飛、過眼煙雲、取而代之 【困難】萬不得已、一籌莫展、寸步難行、含辛茹苦、千辛萬苦 【真假】千真萬確、貨真價實、不折不扣、子虛烏有 【方法】不二法門、層出不窮 【緊急】火燒眉毛、措手不及、十萬火急 【機密】走漏風聲
心情感覺	【高興】歡歡喜喜、歡天喜地、喜不自禁、歡喜若狂、欣喜若狂、欣喜雀躍、飄飄欲仙、沾沾自喜、得意洋洋、稱心如意 【憂傷】痛不欲生、日坐愁城、悶悶不樂、苦不堪言 【驚慌】魂不附體、提心吊膽、膽戰心驚、心有餘悸、誠惶誠恐、惴惴不安、忐忑不安、驚弓之鳥 【生氣】火冒三丈、勃然大怒、怒氣沖沖、怒火中燒、惱羞成怒、痛心疾首 【驚喜】驚喜交加、喜出望外、如獲至寶、難以置信 【煩惱】不勝其煩、心煩意亂、天人交戰、猶豫不決 【疑惑】百思不解、茫然不解、不明所以 【急切】迫不及待、急不可待 【熟悉】歷歷在目、似曾相識 【內疚 / 羞愧 / 無奈 / 疲倦】耿耿於懷 / 無地自容 / 無可奈何 / 身心交瘁

分類	成語
外貌神態	【精神狀況】生龍活虎、神采奕奕、無精打采 【氣勢】威風凜凜、氣勢洶洶 【悲傷】聲淚俱下、痛哭流涕、欲哭無淚 【面容】面紅耳赤、面黃肌瘦、面如土色、面不改色、容光煥發、汗出如漿 【五官】濃眉大眼、鼻青臉腫、橫眉怒目 【身形】虎背熊腰、骨瘦如柴
舉止動作	【肢體】慢手慢腳、拖泥帶水、拖拖拉拉、手忙腳亂、躡手躡腳、比手畫腳、四腳朝天、翻箱倒櫃、大搖大擺、前仰後合、踱來踱去、大駕光臨、劈頭劈臉 【歎息】唉聲歎氣、長吁短歎、感慨萬千 【呼吸】氣喘吁吁 【哭笑】嚎啕大哭、仰天大笑、哄堂大笑 【急速】騰雲駕霧、快馬加鞭、馬不停蹄、溜之大吉、一溜煙 【爭鬥】衝鋒陷陣、橫掃千軍、裏應外合、一決勝負 【言行】一言一行
言詞談吐	【對答】不假思索、無所不談、七嘴八舌、吞吞吐吐 【沉默】啞口無言、默默無言、無話可說、守口如瓶 【規勸】語重心長、千叮萬囑、當頭一棒、指點迷津 【失實 / 誇張】含血噴人、胡說八道、天花亂墜 【諷刺 / 責罵】冷嘲熱諷、冷言冷語 / 破口大罵 【全部說出】和盤托出、一五一十 【低聲說話】自言自語 【比較】相提並論
物體狀態	【數量】寥寥無幾、絕無僅有、不可勝數、取之不盡，用之不竭 【華麗】光芒萬丈、光輝燦爛、富麗堂皇 【價值】價值連城、無價之寶、一文不值、獨一無二 【變化】煥然一新、截然不同、年久失修 【整潔】一乾二淨、井然有序

分類	成語
衣食住行	【飲食】家常便飯、食指大動、狼吞虎嚥、垂涎三尺、大快朵頤、飯來張口，茶來伸手 【貧困】忍飢挨餓、食不充口、囊空如洗、家徒四壁、家破人亡、無家可歸 【富貴】榮華富貴、富甲一方、豐衣足食、衣帛食肉 【生存】四海為家、養家活口
才華能力	【有才】學富五車、足智多謀、龍飛鳳舞、不可多得、高人一等、一技之長、多才多藝、允文允武、神通廣大、大器晚成、點石成金、化腐朽為神奇 【無才】才疏學淺、目不識丁、一問三不知 【權力】呼風喚雨、生殺之權
自然景觀	【天氣】狂風暴雨、寒風刺骨、火傘高張 【生態】飛禽走獸、懸崖峭壁、一望無際 【昏暗】伸手不見五指、天昏地黑
生老病死	【器官】五臟六腑、口乾舌燥 【病患】不治之症、疑難雜症、奄奄一息 【死亡】一命嗚呼、粉身碎骨
時間	【早晚】披星戴月、夜以繼日、三更半夜 【流轉／消逝】有朝一日、日復一日、電光石火 【長時間】成年累月、久而久之

策劃編輯 余雲嬌
責任編輯 余雲嬌 謝燿壕
封面設計 龐雅美
版式設計 龐雅美
排　　版 陳美連
印　　務 劉漢舉

趣味閱讀學成語 3

主編／ 謝雨廷 曾淑瑾 姚嵐齡

出版／中華教育
香港北角英皇道 499 號北角工業大廈 1 樓 B 室
電話：(852) 2137 2338
傳真：(852) 2713 8202
電子郵件：info@chunghwabook.com.hk
網址：https://www.chunghwabook.com.hk

發行／香港聯合書刊物流有限公司
香港新界荃灣德士古道 220-248 號荃灣工業中心 16 樓
電話：(852) 2150 2100
傳真：(852) 2407 3062
電子郵件：info@suplogistics.com.hk

印刷／高科技印刷集團有限公司
香港葵涌和宜合道 109 號長榮工業大廈 6 樓

版次／ 2022 年 10 月第 1 版第 1 次印刷

規格／ 16 開 (230 mm × 170 mm)
ISBN ／ 978-988-8807-95-6